超凡心法

改变命运的 55 幅人生哲理画

心宁静才能攀高峰

读心法 悟心画

学以明道 ● 编著

企业管理出版社
EMPH ENTERPRISE MANAGEMENT PUBLISHING HOUSE

图书在版编目（CIP）数据

超凡心法：改变命运的 55 幅人生哲理画 / 学以明道编著 . —北京：企业管理出版社，2022.9

ISBN 978-7-5164-2683-8

Ⅰ.①超… Ⅱ.①学… Ⅲ.①人生哲学—通俗读物 Ⅳ.① B821-49

中国版本图书馆 CIP 数据核字（2022）第 154450 号

书　　名：	超凡心法——改变命运的 55 幅人生哲理画
书　　号：	ISBN 978-7-5164-2683-8
作　　者：	学以明道
策划编辑：	赵喜勤
责任编辑：	赵喜勤
出版发行：	企业管理出版社
经　　销：	新华书店
地　　址：	北京市海淀区紫竹院南路 17 号　　邮编：100048
网　　址：	http://www.emph.cn　　电子信箱：zhaoxq13@163.com
电　　话：	编辑部（010）68420309　　发行部（010）68701816
印　　刷：	北京博海升彩色印刷有限公司
版　　次：	2022 年 11 月第 1 版
印　　次：	2022 年 11 月第 1 次印刷
开　　本：	710mm×1000mm　　1/16
印　　张：	16 印张
字　　数：	150 千字
定　　价：	88.00 元

版权所有　翻印必究·印装有误　负责调换

人生北斗
心路导航

孙家栋
二〇二一春

共和国勋章获得者、"两弹一星"元勋、北斗卫星之父孙家栋院士题词

序言 PREFACE

多年以来，一直想写一本人生心法方面的书，这是有感于"成功一定有基因"以及"人生不如意事十之八九"，而人生心法很可能就是解码基因和破解失意的关键。但认真推究起来，人生心法千万种，到底哪些心法是可以效法的，却有些说不清道不明，因此写作迟迟未能动笔。

直到后来看到一些精彩的人生格言、箴言和语录（以下统称格言），仿佛夜行人看到一束光，突然灵光闪耀：这些人生格言不正是心法的最佳体现吗？真是"踏破铁鞋无觅处，得来全不费工夫"。这些人生格言的创造者，可谓"超人"。超人者，必有超过凡人的心量、智慧和毅力，而人生格言中蕴藏的心法正是超人战胜困难、取得成就、实现价值和改变命运的关键力量来源。如将承载"超人心法"的人生格言加以整理和阐释，岂不既遂了自己多年的心愿，又能启迪凡人开启一段超凡入圣之旅。

秉此思维，本书围绕人生、成败、做人、做事、学习、经商、职场七个部分精选了人生格言。仔细品味这些人生格言，深感人与人之间的不同，主要是思维模式的不同，也就是心法的不同。"超人心法"给人感受最深的有两点：一是正能量，一是辩证法。"人生最精彩的不是成功的瞬间，而是坚持的每一个过程"，"武林高手比的是经历了多少磨难，而不是取得过多少成功"充满了正能量；"建立自我，追求无我"，"斩断退路，才能赢得出路"，"懂得低头，才能出头"蕴含着辩证法。这正能量的心态和辩证法的智慧，传承了中国古代哲学的精髓，开启了创造未来的法门。

老子《道德经》中的"道德"，我理解为"修道积德"，即修"阴阳转化、对立统一"之道，积"成就他人，实现自我"之德。修道是辩证法，积德是正能量。古代先贤们的"三观"，我做如是解读：世界观是"道"——"道生一，一生二，二生三，三生万物"；人生观是"君子"——"天行健，君子以自强不息"；价值观是"德"——"仁者不忧，智者不惑，勇者不惧"。古人的"三观"，彰显了以道驭德、以德载道，体现的也正是以正能量的心态去探求辩证法的智慧。

古人毕竟离我们太远，古代先贤的经典又过于玄妙，不好理解，我们今人应以何种心法开启未来，打破"人生不如意事十之八九"的魔咒，进而掌控成功呢？

成功和失意是一体两面。"成功的基因"蕴藏在心法里，而"人生不如意事十之八九"的根本原因则是心法出了问题，也就是说观念、思维模式出了问题。"金钱至上"观念带来的危害，"结果导向"观念带来的痛苦，"利己主义"观念带来的困境，以及"向外探求"观念带来的迷失，是心法出问题的几种主要表现。曾几何时，"金钱至上"观念使很多人成了金钱的奴隶，金钱成了这些人衡量人生成功的唯一标准，然而这个世界上能挣到足够金钱的毕竟是少数人，秉此观念的绝大多数人会觉得自己不成功，从而生活在不同程度的失望中；少数富有的人，也"穷得只剩下钱了"，精神空虚。"结果导向"观念使人面对每一次失败和不如意时感到挫败，感受痛苦，还可能使人不问手段只求结果，道德沦丧。"利己主义"观念必然造成做人不圆满，做事不成功。"向外探求"观念导致攀比和永不满足，迷失自我，找不到人生的真正意义。这些心法扭曲了人生的本质，剥夺了人生的乐趣，将人生的奋斗方向和途径引向歧途，结果必然是丧失理想，丧失信仰，丧失乐趣。

要取得人生的圆满，事业的成功，心灵的自由，应建立一种"价值至上"而非"金钱至上"，"过程导向"而非"结果导向"，"利他主义"而非"利己主义"，"向内观照"而非"向外探求"的心法，因为人生的意义在于为社会创造价值，每一种结果都是人生的一个过程，每个人的价值都必须通过利他才能得到体现，"观内"才能更好地发现自己、做自心的主人和更好地"求外"。虽遇"不如意事"，但能够看到价值、享受过程、保持利他的发心、体悟自心的提升，"不如意事"也就成了"如意事"，或许这是现代版的正能量和辩证法吧。

在品味这些名言警句，获取人生的力量和智慧的同时，为使更多人获益，我感觉有必要精选出一些格言，配以绘画和故事，这样会使这些承载着思维模式的"超人心法"更鲜活，更易于被我们这些凡人理解、记忆，特别是易于被本书的重点读者——承载着家庭和国家希望的青少年喜闻乐见。经历了各种努力和考验，我终于和广州的插画师许仰由先生合作，将"超人心法"转化成凡人能理解的心画，这便是呈现在读者面前的55幅人生哲理画。又经历了皓首穷经、披沙沥金的搜求，我终于汇齐了200个故事并为每个故事增加了点评，作为我对本书绘画和格言的解读（故事见作者微信公众号、百家号：超凡心法）。如此，这本凝结着"超人心经"和"凡人心画"的《超凡心法》问世了。

我以为，要掌握人生格言蕴含的心法道理，关键是要有"悟"的过程。希望本书编入的55幅心法之画能作为"悟"的载体，本此思路，本书把每幅画作为单独一页，供读者朋友"悟"，读者根据对画的理解自己配上一句格言，再阅览画后的格言和作者自媒体号的故事，收获可能比"无悟直取"更大。"悟画"是本书的一个特色。

有句格言是：给人钱财是下策，给人能力是中策，给人观念是上策。希望这本"给观念""给心法"的书，能够给读者的心灵带来启迪，带来正能量的心态和辩证法的智慧，帮助有缘人创造一个更好的未来。

在为本书学习篇选配故事的过程中，我看到了钱学森和孙家栋之间的感人故事，就本书和故事内容求教于孙老时，孙老题下"人生北斗　心路导航"八个大字。我理解为这是说人生也需要定位和导航，这是一种要求，一种勉励，一种期许。孙老的鼓励和鞭策是我永世难以忘怀的，致敬孙老！感恩孙老！

学以明道
二〇二二年八月

目 录
CONTENTS

一、人生篇

（一）立目标 ……………………………… 2
1. 强者 ………… 3
2. 木头 ………… 5

（二）正态度 ……………………………… 9
3. 错过 ………… 11
4. 风景 ………… 13
5. 登山 ………… 15
6. 苦乐 ………… 17
7. 蝴蝶 ………… 19
8. 漩涡 ………… 21

（三）跨逆境 ……………………………… 38
9. 绝境 ………… 39

（四）懂放弃 ……………………… 43
　　10. 上路 ……………………… 45
　　11. 跃崖 ……………………… 47

（五）借智慧 ……………………… 51
　　12. 危石 ……………………… 53
　　13. 整合 ……………………… 55
　　14. 本领 ……………………… 57
　　15. 寺庙 ……………………… 59

（六）味感悟 ……………………… 65
　　16. 人生 ……………………… 67
　　17. 长跑 ……………………… 69

二、成败篇

（一）成功 ……………………… 80
　　18. 心力 ……………………… 81
　　19. 连线 ……………………… 83
　　20. 苦难 ……………………… 85
　　21. 爬山 ……………………… 87
　　22. 朝拜 ……………………… 89
　　23. 心门 ……………………… 91
　　24. 挖金 ……………………… 93
　　25. 插秧 ……………………… 95

（二）失败 ……………………… 107
　　26. 电灯 ……………………… 109

三、做人篇

（一）心里有他人 ········· 114

- 27. 低头 ········· 115
- 28. 角度 ········· 117
- 29. 乞丐 ········· 119
- 30. 优点 ········· 121
- 31. 夜幕 ········· 123
- 32. 爬杆 ········· 125
- 33. 让路 ········· 127
- 34. 敌友 ········· 129
- 35. 雨伞 ········· 131
- 36. 四度 ········· 133

（二）心里有自己 ········· 146

- 37. 拼图 ········· 147
- 38. 垃圾 ········· 149
- 39. 起点 ········· 151
- 40. 监狱 ········· 153
- 41. 位置 ········· 155
- 42. 环境 ········· 157
- 43. 锁链 ········· 159
- 44. 街景 ········· 161
- 45. 包袱 ········· 163

四、做事篇

（一）做事精神 ······ 186
    46. 禅者 ······ 187

（二）做事方法 ······ 191
    47. 行动 ······ 193
    48. 简单 ······ 195
    49. 脚步 ······ 197

五、学习篇

    50. 书山 ······ 207
    51. 孔子 ······ 209

六、经商篇

    52. 危机 ······ 217
    53. 境界 ······ 219
    54. 商道 ······ 221

七、职场篇

    55. 挑战 ······ 233

后记 ······ 240

一 人生篇

（一）立目标

跋山涉水　不忘初心

人生弯弯曲曲水，世事重重叠叠山。跋山涉水时，一是要有目标，二是不要忘记目标。

一　人生篇

1. 强　者

超凡心法 | 改变命运的55幅人生哲理画

一个真正的强者，不是看他摆平了多少人，而要看他能帮助多少人。能帮助别人，这是德，能帮到别人，这是能。有德、有能的才是强者。

（画）

救人水火，成人之美，才是真正的强者。

（悟）

德就是慈悲，能就是智慧。慈能予乐，悲能拔苦，智能渡人，慧能识己。德能兼备的强者兼具慈悲和智慧，那不就是菩萨和佛吗？

一 人生篇

2. 木 头

超凡心法 | 改变命运的55幅人生哲理画

人生像一截木头，或者选择熊熊燃烧，或者选择慢慢腐朽。

（画）

燃烧的木头，发出的光可以照亮人们，发出的热可以温暖人们。而腐朽的木头，只能引来老鼠。

（悟）

人生的价值，在于发出光和热，就是要用心中的热情、理想、信念和希望，去点燃人生之柴。

一 人生篇

建立自我，追求无我。

给人信心，给人欢喜，给人希望，给人方便。

给人金钱是下策，给人能力是中策，给人观念是上策。

名誉要服务于大众，爱情要奉献于他人，金钱要布施于穷人。

[释 义]

立目标，就是立志向，也就是发愿。古话说，志存高远，又说发大愿。只有大志向、大愿望才能激发超乎想象的能量，助人抓住人生的重点，助人跨过人生的磨难和障碍。大志向、大愿望有个特点，就是超越小我，将他人、社会、国家，甚至众生的利益放在首位。"为中华之崛起而读书"就是大志向的范例。

无论是做一个真正的强者，还是做一根燃烧的木头，实质都是要树立奉献、给予和利他的人生目标。立下利他的目标，人生就有了格局和境界，才能走得高、走得远、走得广。

建立自我，追求无我。这可以说是历代大贤的人生写照。他们之所以成圣成贤，肯定是因为创造了不一般的价值，这价值里必然蕴含着"无我利他"的精神。可以说，建立自我是基础，追求无我是目标；只有建立了自我，才有基础、条件和资格追求无我。只有自我，没有无我，格局未免狭小；没有自我，追求无我就是一句空话。只有广大的无我才能容纳一个有限的自我。从一个更高层面看，追求无我又可能是建立自我的快捷途径，建立自我和追求无我实则互为基础，互相成全，这也暗合了阴阳转化之道。

给人信心，给人欢喜，给人希望，给人方便。这是星云大师的名言。凭借"给"的哲学和"以退为进，以众为我，以无为有，以空为乐"的人生观，以及"光荣归于佛陀，成就归大众，利益归于社会，功德归于信徒"的人生信条，星云大师在全世界创建了上百个道场，数十间佛学院、美术馆、图书馆及数所大学，最关键的是开创佛光山，弘扬"人间佛教"，化育无数人。最不想自己，反而成就了自己，这就人生哲学的奥义。

给人金钱是下策，给人能力是中策，给人观念是上策。这是说"给予"也是分层次的，"授人以鱼，不如授人以渔"，更不如授人以道。越是无形的东西越宝贵，影响中国数千年的不是金钱，也不是能力，而是思想。"化身千百亿"讲的就是思想能够使千百亿人受益。

名誉要服务于大众，爱情要奉献于他人，金钱要布施于穷人。有位禅师曾说："理想、信念和责任并不是空洞的，而是体现在人们每时每刻的生活中。必须改变生活的观念、态度，生活本身才能有所变化。名誉要服务于大众，才有快乐；爱情要奉献于他人，才有意义；金钱要布施于穷人，才有价值。这种生活才是真正快乐的生活。"

一 人生篇

（二）正态度

正心诚意　与道偕行

一个人有什么样的态度，就会有什么样的为人处世的方式方法，也会有什么样的人生命运。一个人想要成长、进步，就要不断地修正态度。唯有改变心的状态，生命才会真正地改变！

超凡心法 | 改变命运的 55 幅人生哲理画

一　人生篇

3. 错　过

超凡心法 | 改变命运的55幅人生哲理画

过错，是短暂的懊悔；错过，是永久的遗憾。

宁愿做过了后悔，也不要错过了后悔。

（画）

青春时两情相悦，但因种种原因错过缘分；年老时身躯佝偻，擦身而过，只能徒留伤感。

（悟）

有些事现在不做，以后就再也不会做了。

一　人生篇

4. 风　景

超凡心法 | 改变命运的 55 幅人生哲理画

有时候路是一样的,开心与否就在于路人抱着什么心态去走。

（画）

同处一境,就看你朝哪个方向看,看向左边,一片光明灿烂,看向右边,一片愁云惨淡。

（悟）

一念成佛,一念成魔。一念天堂,一念地狱。一喜一嗔,一哀一乐,皆在一念之间。

一 人生篇

5. 登 山

超凡心法 | 改变命运的55幅人生哲理画

容易走的路通常都是下坡路；上坡的路虽然难走，却永远通往高处。

（画）

舍近而趋远，舍易而从难。只为"会当凌绝顶，一览众山小"。

（悟）

无限风光在险峰。世之奇伟、瑰怪，非常之观，常在于险远，而人之所罕至焉，故非有志者不能至也。

一 人生篇

6. 苦 乐

人活着最大的乐趣，就是从痛苦中把快乐找出来。

画

金黄的稻谷，是收获；天真的孩童，是希望。风霜侵袭的脸庞，洋溢着苦尽甘来的笑容。

悟

苦是乐的源头，乐是苦的归结。苦即是乐、乐即是苦。苦，孕育着丰收和希望。

一 人生篇

7. 蝴　蝶

超凡心法 | 改变命运的55幅人生哲理画

障碍不是前进的阻力,而是前进的推动力。

画

一条大河挡住毛毛虫的去路,唯有突破障碍,化茧成蝶,方能过河,而这也成就了飞行的自由和美丽的身姿。

悟

对待障碍的态度,决定了是后退还是前进,是爬行还是飞翔。

一 人生篇

8. 漩　涡

超凡心法 | 改变命运的55幅人生哲理画

不管你失去了什么,最重要的是:不要在过程中失去了自己!

(画)

有一只无形的手在搅动生命的水,形成巨大的漩涡,有人被甩出漩涡,有人随波逐流,有人不入水,有人偷溜,有人紧抱中心权杖,唯有修行者不为所动。

(悟)

在人生的漩涡中,看人生百态。随波逐流是常态,活出自我是姿态。

一 人生篇

〖 年轻之时 〗

一般人，30 岁前都赚不到大钱。

30 岁后要赚大钱，前提是要看你 30 岁前"投资自己"了没有？

投资自己，就是学习未知的学问，锻炼欠缺的技能，见识陌生的世界，以及结交比你更好的人。

稳定：30 岁之前就在乎稳定的生活，那只有两种可能，要么就是中了彩票，要么就是未老先衰。

【 最大财富：年轻时犯错误的机会 】

年轻时应该做一些冒险。年轻时最大的财富不是你的青春，不是你的美貌，也不是你充沛的精力，而是你有犯错误的机会。

如果年轻时都不能追随自己心里的那种强烈愿望，去为自己认为该干的事冒一次风险，哪怕犯一次错误的话，那青春多么苍白啊！

20 岁那一年买得起 10 岁那一年买不起的玩具，那有什么意义呢？

人生就是这样，错过了，就再也回不来了。

有些事现在不做，以后就再也不会做了。

不要试图追求安全感，特别是年轻的时候，周遭环境从来都不会有绝对的安全感，如果你觉得安全了，很有可能已经暗藏危机。

真正的安全感，来自你对自己的信心，来自每个阶段性目标的实现。

而真正的归属感，在于你内心深处对自己命运的把控，因为你最大的对手永远都是自己。

15 岁时觉得游泳难，放弃游泳，到 18 岁时遇到一个你喜欢的人约你去游泳，你只好说"我不会耶"。

18岁时觉得英文难，放弃英文，28岁时出现一个很棒但要会英文的工作，你只好说"我不会耶"。

人生前期越嫌麻烦，越懒得学，后期就越可能错过让你动心的人和事，错过新风景。

有些时候，你忽然会觉得很绝望，活着就是承担屈辱和痛苦。
这个时候你要对自己说，没关系，很多人都是这样长大的。
风平浪静的人生是中年以后的追求。
当你尚在年少，你受的苦，吃的亏，担的责，扛的罪，忍的痛，到最后都会变成光，照亮你的路。

人生最大的浪费莫过于花时间在一些连你自己都不喜欢的事情上。生命就是时间，时间就是金钱，把握时间，就是掌握生命。

人自出生的那一刻起，便开始生命的倒计时。
人活在当下，要惜秒如金，生命就在呼和吸之间，每一秒都是下一秒的"过去"。

时间，不一定能证明许多东西，但一定会让你看透许多东西。

一天的开始，不是天亮，不是子夜，而是从太阳下山开始的。
所以天黑了，我们就该埋头发奋了。
人与人的差距，其实就在于这些黑夜的努力和沉淀。
天亮时，你跟别人就不在同一条起跑线了。

懂得"忙"的人，生活常是快乐、幸福、欢喜的；如果"不忙"，整天无所事事，闲极无聊，胡思乱想，就会烦恼、痛苦。

一 人生篇

懒惰是很奇怪的东西，它使你以为那是安逸，是休息，是福气；但实际上它所给你的是无聊，是倦怠，是消沉；它剥夺你对前途的希望，割断你和别人之间的友情，使你心胸日渐狭窄，对人生也越来越怀疑。

时间就像一张网，我们把它撒在哪，收获就在哪。

〖当下之心〗

每个人都有过去，有的甚至是失败的往事。

过去的错误和耻辱只能说明过去，真正能代表人一生的，是他现在和将来的作为。命运的熔炉会锤炼各种各样的人，只有禁得住考验的人才能百炼成钢。

过去不代表什么，我们需要做的，只是抓住当下，着眼未来。

有些束缚，是我们自找的；有些压力，是我们自给的；有些痛苦，是我们自愿的。

对过去的追思，耗时且没什么意义，从无先天注定的不幸，只有死不放手的执着。

别把眼光盯在别处，羡慕嫉妒恨皆是歧途，只有坚持做自己，才能看到下一秒的路。

别把某些人和事看得太重，伴你到终点的，是你与你的影子。

过去的，好坏都无法更改，有经验就借鉴，有教训就汲取，念想过甚、后悔太多也没用。

超凡心法 | 改变命运的55幅人生哲理画

再苦再累,只要坚持往前走,属于你的风景终会出现。只要是自己选择的,那就无怨无悔,青春一经典当,永远无法赎回。过去只可以用来回忆,别沉迷在它的阴影中,否则永远看不清前面的路;不要期望所有人都懂你,你也没必要去懂所有人。

人活一世重要的是经历。苦也好,乐也好,过去的不再重提,追忆过去,只能徒增伤悲,当你掩面叹息的时候,时光已逝,幸福也从你的指缝悄悄地溜走。世上没有不平的事,只有不平的心。不去怨,不去恨,看淡一切,往事如烟。经历了、醉了、醒了、碎了、结束了,忘记吧!珍惜现有的生活,幸福就在你身边。

对过去恋恋不舍的人,成就不了未来。这个世界上唯一不会变的,就是这个世界随时都在变。

你必须相信时间的力量,所以,请尽快从过去中走出来,释怀过去,总结过去,而不是一天到晚地琢磨着回到过去。

过去的种种,对现在的你已经毫无意义,仰一仰你的头,看看前面崎岖的路,好好地接着前进吧。

无论如何选择,只要是自己的选择,就不存在对错后悔。过去的你不会让现在的你满意,现在的你也不会让未来的你满意。

当初有胆量去选,同样该有勇气承受后果。

一个人所谓的长大,也便是敢于惨烈地面对自己:在选择前,有一张真诚坚定的脸;在选择后,有一颗绝不改变的心。

不要在一件别扭的事上纠缠太久。纠缠久了,你会烦,会痛,会厌,会累,会神伤,会心碎。实际上到最后,你不是跟事过不去,而是跟自己过不去。

一 人生篇

无论多别扭，你都要学会抽身而退。

不要因为去绝美风景的路上偶遇了一条臭水沟，而坏了欣赏美的心境，而耽误了其他的美，要想想你为什么来这里。

人的上半生要不犹豫；人的下半生要不后悔。

活在当下，把握每次的机会，因为机会稍纵即逝，要为自己的生命找到出路！

〖 过程之美 〗

使人成熟的不是岁月，而是经历。

植物的成熟，是状态的演变；人生的成熟，是意识的提升。

岁月，变得了江山与容颜，却无法让人心自然地成长。

人生的境界，只有在经历之后，领悟了多少，就有多少成长。

敢于闯荡，敏于领悟，少年也英雄；若虚度光阴，心智不开，必成痴汉。人生熟透，心态淡然。

一场足球比赛只剩一分钟就要结束了，一位观众匆匆赶到看台。

他问邻座："比分多少？""零比零。"

"那就好！一点也没耽误到。"

启示：如果看重的只是结果，对人生而言，还有什么事情会是精彩的呢？

你的人生永远不会辜负你，那些转错的弯，那些走错的路，那些流下的泪水，那些滴下的汗水，那些留下的伤痕，全都让你成为独一无二的自己。活在幸福中，一切都是最好的安排。

人生中出现的一切，都无法占有，只能经历。我们只是时间的过客，总有一天，我们会和所有的一切永别。

深知这一点的人，就会懂得：无所谓失去，那只是经过而已；亦无所谓得到，那只是体验罢了。

多数人在生命的尽头回顾一生，都不后悔曾经有过的坏经验，因为每段经历都会让他们从中学到点什么。所以，你所遭遇的一切是好的——好事和坏事，幸运和厄运，幸福与不幸，成功与失败……到了最后你会发现，所有的安排都是为你好，所有的遭遇都对你有帮助。

没有失色的过去，就不会有出色的你；没有困顿的遭遇，也不会造就坚强的你；没有不好的经验，你不可能成为现在的你。

不管你站在哪里，走向何方，都不要把遇到的问题太复杂化，命运不会亏欠谁，苦的尝多了，才知道甜的味道。

感慨是没有用的，与其原地抱怨，不如艰难前行，哪怕稍有挪动，山重联结水复，柳暗铺垫花明。

生活不会太糟糕，曲直皆是经历，好坏都有风景，只要光阴不虚掷，天在头上更深远，路在脚下愈宽阔。

〖 一念之间 〗

聪明的人，凡事都往好处想，以欢喜的心想欢喜的事，自然成就欢喜的人生。愚痴的人，凡事都朝坏处想，越想越苦，终成烦恼的人生。

一　人生篇

世间事都在自己的一念之间，一念天堂，一念地狱。

消极的态度就像是癌症，一旦体内有了癌症，其他器官就会被感染。

悲观者在每一次机遇中所看见的都是困难。
乐观者在每一次困难中所看见的都是机遇。

世界上没有悲剧和喜剧之分，如果你能从悲剧中走出来，那就是喜剧，如果你沉湎于喜剧之中，那它就是悲剧。

不敢冒险，才是人生最大的风险。

世界上受到拒绝最少的人，其实是最不成功的人。如果想有一个不凡的人生，就需要接受数以万计的拒绝。

人生最重要的不是握了一手好牌，而是怎样去打好一手烂牌。

[苦乐之理]

人生总要吃苦，把你的一生泡在蜜罐里，你也感觉不到甜的滋味，因为有了苦味，我们才知道守候与珍惜，守候平淡与宁静，珍惜活着的时光。

有些苦是必须要吃的，今天不苦学，少了精神的滋养，注定了明天的空虚；今天不苦练，少了技能的支撑，注定了明天的贫穷。

为了日后的充实与富有，苦在当下其实很值得。

在真实的世界里，有苦有乐，有酸有甜。

人不会苦一辈子，但总会苦一阵子。许多人为了逃避苦一阵子，却苦了一辈子。

或许现在很痛苦，等过阵子回头看看，会发现其实那都不算什么。

苦与乐是生命的盛宴，是生命的波峰波谷，高低起伏，才波澜壮阔，滋味浓厚。苦乐交织，才至彼岸；无苦无乐，便是死水。

痛苦，并不是一个人命不好才招致的，它是每个人生活的一部分。你越排斥它、抗拒它，它的力量就会越强，何时何地都挥之不去；你若能接受它、认识它，它反而没那么厉害了，甚至会慢慢退出你的人生。

快乐并非刻意去寻找，它其实就在我们每个人的身边，只要你们融入生活，有目标、有追求地去做一件事情，并做好每一件事，那么快乐就会如约而至。

【 梦想之力 】

拥有梦想是一种智力，实现梦想是一种能力。

失去金钱损失甚少，失去健康损失极多，失去勇气损失一切。

世界上唯一可以不劳而获的就是贫穷；唯一可以无中生有的就是梦想。

有理想在的地方，地狱就是天堂；有希望在的地方，痛苦也成欢乐。

理想就像内裤，要有。但不能逢人就去证明你有！

志气太大，理想过多，事实迎不上头来，结果自然是失望烦闷；志气太小，因循苟且，麻木消沉，结果就必至于堕落。

计较眼前的人，会失去未来。

〖 拼搏之姿 〗

人的一生，只要活着，每一天都在冒险，风雨雷电，车来车往，生死病痛，谁能保证没有意外。

不要指望谁能够不冒险地活着。既然无法不冒险，几十年人生，那你还怕什么呢？

再不拼搏就老了！

人生难免会进退两难，与其无所为，不如放手一搏。

现实会告诉你，不努力就会被生活给踩死。无须找什么借口，一无所有，就是拼的理由。

人们常常被一句"以后怎么办"给吓退了。

以后那么长，不是想出来的，是过出来的。

生活坏到一定程度就会好起来，因为它无法更坏。

努力过后，才知道许多事情，坚持坚持就过来了。

超凡心法 | 改变命运的55幅人生哲理画

命运从来都是掌握在自己的手中，埋怨，只是一种懦弱的表现；努力，才是人生的态度。

生活不能等待别人来安排，要自己去争取和奋斗；不论其结果是喜是悲，你总不枉在这世界上活了一场。

志在顶峰的人，绝不会因留恋半山腰的奇花异草而停止攀登的步伐。

唯有突破障碍，从障碍中学习并爬起来，将来就不会畏惧挑战了。

道路不崎岖怎么能测试车的性能，生活中没有障碍就没有了人生乐趣。凡事顺利，你拥有的，只是一个平庸的人生。

中年人能够承受多大压力，检验的是他的韧性。

年轻人能够承受多大压力，焕发的是他的潜能。

人都是逼出来的。每个人都是有潜能的，生于安乐，死于忧患。

所以，当面对压力的时候，不要焦躁，也许这只是生活对你的一点小考验，相信自己，一切都能处理好。逼急了，好汉可以上梁山。

时势造英雄，穷则思变，人有压力才会有动力。

改变是痛苦的，不改变是更加痛苦的！

不努力，别人想拉你一把，都找不到你的手在哪里。

只见汪洋时就以为没有陆地的人，不过是拙劣的探索者。

你们想知道人为什么会有问题吗？

有两个原因，一是你出生了，二是你还活着。

所以，现在你知道问题的原因了，就不要再想它了，接着就是想怎么做才能活得更好了。

人生篇

与其讨好别人,不如强化自己;与其逃避现实,不如笑对人生;与其听天由命,不如昂首出击。

一个战士能找到自己的战场,是幸福;在战场上不断奋斗与奉献,是使命;能在战场上为使命牺牲,是荣誉。

再贫瘠的土地,只要你精耕细作,它也不会一片荒芜;再差劲的人生,只要你勇于突破,它也不会一潭死水。

[动静之机]

耐得住寂寞,才能守得住繁华。该奋斗的年龄不要选择了安逸。

每一个优秀的人,都有一段沉默的时光。
那一段时光,要付出很多努力,忍受孤独和寂寞,不抱怨不诉苦。
骏马是跑出来的,强兵是打出来的。

人生因等待而优雅。等待是一种美好而圆融的人生哲学。
只有耐得住寂寞,经得起诱惑,心平气和的人,才能收获最满意的人生。

人生苦短,有些精彩只能经历一次,有些景色只能路过一回。
不要等,有时等着等着,就让等待成为一种习性,就会在等待中蹉跎岁月;不要怕,能说的立即说,能做的马上做,不要瞻前顾后畏首畏尾;你今天不做的,或许就是永久的心结;不要悔,走过的,错过的,都是自己的选择。

超凡心法 | 改变命运的55幅人生哲理画

不开口，没有人知道你想要什么；不去做，任何想法都只在脑海里游泳；不迈出脚步，永远找不到你前进的方向。

人生不像学校考试，永远没办法100%做好准备。

萤火虫不动的时候，什么都不是，只有在飞行时发光。
人生也是如此，一旦我们停顿时，生命便顿时暗淡无光。

遇到任何挑战，请大声地告诉自己：我永远大于我的问题！
就算恐惧也要行动。

圆规为什么可以画圆？因为脚在走，心不变。
人为什么不能圆梦？因为心不定，脚不动。

〖 得失之由 〗

人生没有绝对的公平，但是相对公平的。
在一个天平上，你得到的越多，也必须比别人承受得更多。

其实人跟树是一样的，越是向往高处的阳光，它的根就越要伸向黑暗的地底。

不是每一次努力都有收获，但是，每一次收获都必须努力。
这是一个不公平、不可逆转的命题。

连孩子都知道，想要的东西要踮起脚跟，自己伸手去拿，所以不要什么都不做还什么都想要。

你真正喜欢和想要的，没有一样是可以轻易得到的。这就是踏踏实实努力的理由。

人生有太多无奈，有时候为了得到我们想要的东西，就不得不勉强自己去做不喜欢做的事情。

不愿承担任何责任的人，确实可以避免损失、避免失败、避免被议论，但是同时也错过了成长、错过了成熟、错过了成功。

〖 人生之态 〗

一切都是态度决定的。

当心你的思想，它们会成为你的语言；当心你的语言，它们会成为你的行动；当心你的行动，它们会成为你的习惯；当心你的习惯，它们会成为你的性格；当心你的性格，它会成为你的命运。

面对变量，有时候态度、决心比能力还重要，永不放弃是唯一的解决之道。

人生，不管你发了多大财，永远觉得房子少了一间，衣服少了一件，钱少了一笔。一个人内心没有涵养，就会变得色厉内荏，表面满不在乎，而内心非常空虚。其实，大可不必。一个人好就是好，穷就是穷，痛苦就是痛苦。

人生不如意事十之八九，生活中总有坎坷挫折，当失望落魄的心情接踵而至时，别忘了提醒自己：人生犹如四季的变迁，此刻只不过

超凡心法 | 改变命运的55幅人生哲理画

是人生的冬季而已。

若冬天已来，春天还会远吗？

人生没有十全十美，如果你发现错了，就重新再来；没有机会重新来过的，就让它永远沉入时间的大海。

千万不要用一个错误去掩盖另一个错误。

不管你是失宠、失恋，还是失业，不管你失去了什么，最重要的是：不要在过程中失去了自己！

人生从来没有真正的失去，每一次失去，都会留下成长的痕迹，甚至飞跃，只要你用心收获！

逃避不一定躲得过，面对不一定更难过。

失去不等于不再有，转身不代表最软弱。

优柔寡断，是人生最大的负能量。人生没什么好优柔的。从生命角度去看，你人生路径的任何一种选择都是错误的，无论你怎么选，都有差错。因此，当选择来临，A 和 B，拿一个便走就是。人生没有对错，只有选择后的坚持，不后悔，走下去，就是对的。

没有人能阻挡你成长的脚步，除了你自己。而在时间的丛林里，要到达高处，除了不断面对和解决自己的问题，不断地成长，你别无选择。

不忘昨天，因为它给了我们教训和经验；珍惜今天，因为它给了我们机会和风帆；分享明天，因为它给了我们梦想和期盼。

最好的人生状态：安于得失，淡于成败，依旧向前。

人生篇

幸福的人生，需要三种姿态：对过去，要淡；对现在，要惜；对未来，要信。

当你珍惜自己的过去，满意自己的现在，乐观自己的未来时，你就站在了生活的最高处；当你明了成功不会造就你，失败不会击垮你，平淡不会淹没你时，你就站在了生命的最高处。

（三）跨逆境

境由心生　逆为助缘

　　所有的逆境，都是成就者的资源。逆境让弱者更弱，让强者更强。所有的逆境无非想让弱者放弃初衷，但是一个强者碰到逆境时，不但不会放弃初衷，还能够找到更好地实现初衷的办法。

一 人生篇

9. 绝 境

超凡心法 | 改变命运的55幅人生哲理画

逆境使人成熟,绝境使人醒悟。

（画）

身陷绝境的毛驴,只有垫高自己才能得救;身处残存两只手指的逆境,却能最快做出胜利的姿势。

（悟）

身处逆境,要将劣势化为优势;身处绝境,需知自强才能自救。生活中我们遇到的每一种困境,其实都是人生历程中的一块垫脚石。

一 人生篇

每个人的生命都有顺境和逆境，都不是一帆风顺。

一般来说，都是顺逆交替的。如果顺境处理不好，就会变成一种逆境；如果逆境处理好，就会变成一种顺境。

就好比一个人在高速公路上开车，四平八稳的，容易注意力不集中，发生车祸；如果在一个路况不是很好的地方行路，反而会很注意，不容易发生车祸。

所以，不是路好路坏的问题，而是心态问题。

顺境和逆境，都是我们自己分别出来的。真正的顺境和逆境是什么？

你执着这些外境，心动了，就是逆境；不执着，心不动，就是顺境。

心自在了，永远都在顺境当中，没有逆境；心不自在，永远都在逆境当中，没有顺境。

风可以吹起一大张白纸，却无法吹走一只蝴蝶。

因为生命的力量在于不顺从。

人生最佳美的东西，都是从苦难中得来的。

麦子必须磨碎，才能做成面包。香料必须经火，才能发出浓郁的香气。泥土必须耕松，才适于下种。人生最甜蜜的欢乐，都是忧伤的果子。

我们必须亲身经历许多艰难，然后才会去安慰别人。

别人对你排斥、刁难，实际上都在帮你累积更大的能量，让你更有智慧处理跟你过不去的人，其实他们都是上帝派遣的天使，假扮成苦难、苦楚，考验你的决心、意志和抗压性，让你破茧而出。

世界是最好的学校，实践是最好的老师，生命不够丰富，是因为受的挫折太少。

小挫折只能磨炼出小人物，大挫折才能磨炼出大人物。

人总会遇到挫折，会有低潮，会有不被人理解的时候，会有要低声下气的时候，这些时候恰恰是人生最关键的时候。在这样的时刻，我们需要耐心等待，满怀信心地去等待，相信生活不会放弃你，命运不会抛弃你。如果耐不住寂寞，你就看不到繁华。

看待逆境的心态，决定你是不是人才。

风筝会飞，因为有逆风；人会成长，因为有逆境。

没有无情的惊涛骇浪，怎能测出舵手的腕力？
没有崎岖不平的山路，怎能看出驾驶员的技术？
没有各式各样的挑战，又怎能激发我们解决问题的能力？

个人的知识，透过学习可以得到；一个人的成长，必须通过磨炼！

活鱼会逆流而上，死鱼才会随波逐流。

（四）懂放弃

取舍之道，得失之因

放弃有两种，一种是主动放弃，考验的是胆魄和智慧；一种是被动放弃，考验的是热爱和坚持。

超凡心法 | 改变命运的55幅人生哲理画

所思所悟

一　人生篇

10. 上　路

| 超凡心法 | 改变命运的55幅人生哲理画

人一定要想清三个问题，第一你有什么，第二你要什么，第三你能放弃什么。

（画）

对云游参学的修行人来说，有什么，心；要什么，道；能放弃什么，其他一切，包括出门远行必需的伞和鞋。

（悟）

三个关键问题，想的人不多，想明白的更少。最难的是，不知道或不敢放弃什么，一个人越是什么也不愿放弃，就越容易错过人生中最宝贵的机会。

一 人生篇

11. 跃　崖

超凡心法 | 改变命运的55幅人生哲理画

在关键的时刻,应该把自己带到人生的悬崖边上,在看似深渊的边缘,才有可能获得另一片蓝天。

画

脚下是悬崖,对岸是自由,身后是追兵,要做出选择的确很难,悬崖是危,也是机,就看你的勇气。

悟

困境、习性和压力就是那只豹子,是慢慢被豹子吞噬,还是奋力一跃,重获新生?

把握机遇的反面就是放弃，选择了一个机会，就等于放弃了其他所有的可能。当新的机会摆在面前的时候，敢于放弃已经获得的一切，这不是功亏一篑，不是半途而废，而是为了谋求更大的发展空间；或者什么都不为，只因为喜欢这样做，因为年轻就是最大的机会。人，只有在 30 岁之前才会有这个胆量，有这个资本，有这个资格。

对于多数人而言：有什么，很容易评价自己的现状；要什么，内心也有明确的想法；最难的是，不知道或不敢放弃什么，这点恰能决定你想要的东西能否真正实现，没有人可以不放弃就得到一切。

放弃该放弃的是无奈，放弃不该放弃的是无能；不放弃该放弃的是无知，不放弃不该放弃的是执着。

该不该放弃就自行决定。

任何事情都是有代价的，当你选择了往右走，必然放弃了往其他方向走的机会。

为了自己想过的生活，勇于放弃一些东西。

若要自由，就得牺牲安全。若要闲散，就不能获得别人评价中的成就。

若要愉悦，就无须计较身边人给予的态度。

若要前行，就得离开你现在停留的地方。

不要说机会从没出现，它曾出现过，只是你舍不得放下自己拥有的东西。

放弃，有时候比争取还困难，因为放弃也是一种选择。放弃的最高境界是不后悔，在不该放弃的时候放弃会后悔，在该放弃的时候不放弃也会后悔。做任何事都要付出成本，人生最大的成本不是金钱和时间，而是机会。一个人越是什么也不愿放弃，就越容易错过人生中最宝贵的机会。

人总是对现有的东西不忍放弃，对舒适平稳的生活恋恋不舍。

但是，一个人要想让自己的人生有所突破，就必须明白，在关键的时刻，应该把自己带到人生的悬崖边上，在看似深渊的边缘，才有可能获得另一片蓝天。

不管你想做什么，永远都不嫌晚，请永远记住，什么时候开始都行，请一旦开始后就不要放弃。

你可以休息但绝对不要放弃，因为放弃了以后就再也没有机会了。

放弃大多是因为无法享受"挖掘"的乐趣，付出越多，失落感越强，当身心疲惫无法承受煎熬时，就放弃了。

每一条路走到尽头都有另一条路出现，但许多人总是在拐弯处放弃走下去。

行动带来响应。当你打算放弃梦想时，告诉自己再多撑一天、一个星期、一个月，再多撑一年吧。你会发现，拒绝退场的结果令人惊讶。

（五）借智慧

闻思修证，化为己有

他人的智慧必须内化才会变成自己的东西，否则无论你多么渊博，都只是收藏了很多别人的东西。内化就是在闻思的基础上，在生活中不断地去运用，去检验。当你能把它运用出来，利己、利他时，它才真正属于你。

超凡心法 | 改变命运的55幅人生哲理画

所思所悟

12. 危 石

超凡心法 | 改变命运的55幅人生哲理画

我往旁边去。

(画)

老和尚问小和尚:"如果你前进一步是死,后退一步则亡,你该怎么办?"小和尚毫不犹豫地说:"我往旁边去。"

(悟)

人生路上遭遇进退两难的境况时,换个角度思考,也许就会明白:天无绝人之路。

13. 整 合

超凡心法 | 改变命运的55幅人生哲理画

智者创造机会，强者把握机会，弱者等待机会。

（画）

一个商人如何让自己的儿子娶到比尔·盖茨的女儿和当上世界银行副总裁？靠的是创造机会。

（悟）

智者凭见识，挖掘潜在需求并搭配组合。强者凭胆识，抓住现实需求并努力践行。弱者，要么无胆，要么无识。

一 人生篇

14. 本 领

超凡心法 | 改变命运的 55 幅人生哲理画

吃得下两样东西：一吃苦，二吃亏。

练就两项本领：一说话让人喜欢，二做事让人感动。

（画）

干最累的活，拿最少的钱，说最贴心的话，做最急需的事。笑对人生，活出一个大写的"人"字。

（悟）

舍己从人，言行顺生，吃亏是福。

一　人生篇

15. 寺　庙

超凡心法 | 改变命运的55幅人生哲理画

微笑和沉默是两个有效的武器：微笑能解决很多问题，沉默能避免许多问题。

（画）

禅堂外，笑脸弥勒众叩首，黑面韦陀受冷落；禅堂内，禅师不辩行善事，三金一铜示无言。

（悟）

笑口常开，大肚能容天下事；沉默是金，是非不辩自分明。

人生，该说的要说，该哑的要哑，是一种聪明。

人生，该争的要争，该退的要退，是一种睿智。

人生，该显的要显，该藏的要藏，是一种境界。

人生三步：年轻时是跑步，中年时是散步，老年时是慢步。

人生三态：年轻时是姿态，中年时是体态，老年时是病态。

人生三想：年轻时是梦想，中年时是感想，老年时是幻想。

人生三智：年轻时是机智，中年时是心智，老年时是明智。

人生的四项基本原则：懂得选择，学会放弃，耐得住寂寞，经得起诱惑。

【德国人的五大哲理】

1. 一个人的努力，是加法效应；一个团队的努力，是乘法效应。
2. 踏着别人的脚步前进，超越就无从谈起。
3. 脑袋之所以是圆的，那是为了满足我们不断转换思路的需要。
4. 彼此尊重才能达成彼此的理解。
5. 想要看得清楚，其实只要换个视角就行。

【人生箴言】

1. 不要把烦恼带到床上，因为那是一个睡觉的地方。
2. 不要把怨恨带到明天，因为那是一个美好的日子。
3. 不要把忧郁传染给别人，因为那是一种不道德的行为。
4. 不要把不良的情绪挂在脸上，因为那是一种令人讨厌的表情。

发上等愿，结中等缘，享下等福。

择高处立，寻平处住，向宽处行。

天无绝人之路，人生路上遭遇进退两难的境况时，换个角度思考，也许就会明白：路的旁边还是路。

【可以，但不能】
可以忍受贫穷，但不能背叛人格。
可以追求财富，但不能挥霍无度。
可以发表歧见，但不能拨弄是非。
可以不做君子，但不能去做小人。
可以没有学位，但不能没有品位。
可以不说感谢，但不能不懂感恩。

一个人应该具备四识：知识、常识、胆识、见识。

一杯清澈的水，不停地摇晃，它不会清澈；一杯浑浊的水，不去摇晃它，自然会清澈。

心亦如此！如总摇晃不停，会处于混乱状态。每天给自己一点时间沉淀，和自己沟通，这样你的心会相对清静，不再那么烦躁。

生活不要安排得太满，人生不要设计得太挤。
不管做什么，都要给自己留点空间，好让自己可以从容转身。
留一点好处让别人占，留一点道路让别人走，留一点时间让自己思考。

任何时候都要记得给人生留点余地。

人生需要结交两种人：一良师，二益友。

一 人生篇

吃得下两样东西：一吃苦，二吃亏。

练就两项本领：一做事让人感动，二说话让人喜欢。

自觉培养两种习惯：一看好书，二听演讲。

争取两个极致：一把潜能发挥到最大，二把生命延续到最长。

一个年轻人问一个得道的老者："智慧哪里来？"智者说："精确的判断力。"年轻人又问："精确的判断力哪里来？"智者说："经验。"年轻人再问："经验哪里来？"智者说："错误的判断。"

人生的路上，我们都在奔跑，我们总在赶超一些人，也总在被一些人超越。

人生的要义，一是欣赏沿途的风景，二是抵达遥远的终点。

人生的秘诀，寻找一种最适合自己的速度，莫因疾进而不堪重荷，莫因迟缓而空耗生命。

人生的快乐，走自己的路，看自己的景，超越他人不得意，被他人超越不失志。

人生三大遗憾：不会选择，不坚持选择，不断地选择。

人生三大陷阱：大意、轻信、贪婪。

人生三大悲哀：遇良师不学，遇良友不交，遇良机不握。

人生最大的投资有两个：人和自己的脑袋，绝对不是房子，不是股票。

钱不会给你机会，房子也不会，只有人才会给你机会，当需要帮助的时候，只有人会帮你。

忧患不一定带来智慧，但会扩大人的体验，令我们审慎客观。考验式的经历，也让我们超越既定观念与偏见的束缚。

超凡心法 | 改变命运的55幅人生哲理画

【人生箴言】

1. 压力最大的时候,效率可能最高。

2. 最忙的时候,学的东西可能最多。

3. 最惬意的时候,往往是失败的开始。

4. 怀才就像怀孕,时间久了会让人看出来。

5. 过去酒逢知己千杯少,现在酒逢千杯知己少。

6. 人生如果错了方向,停止就是进步。

7. 要成功,需要朋友,要取得巨大的成功,需要敌人。

8. 如果你简单,这个世界就对你简单。

（六）味感悟

如人饮水，冷暖自知

人生的感悟，可供他人借鉴；生命的滋味，只能自己品尝。人生的酸甜苦辣咸，无论是哪种味道，最终可以变换味道的只有我们自己！

超凡心法 | 改变命运的 55 幅人生哲理画

所思所悟

一 人生篇

16. 人　生

超凡心法 | 改变命运的55幅人生哲理画

人生如戏，人生如棋，人生如书。

（画）

人生，就是演自己的戏，下自己的棋，写自己的书。

（悟）

入戏出戏、导戏演戏，下棋观棋、赢棋输棋，看书写书、快读精读，以人生比之，形虽不同，理实一致。

一 人生篇

17. 长 跑

超凡心法 | 改变命运的 55 幅人生哲理画

人生就像马拉松,获胜的关键不在于瞬间的爆发,而在于途中的坚持。

（画）

人生的路上,我们都在奔跑,我们总在赶超一些人,也总在被一些人超越。

（悟）

人生是一次长跑,考验的是耐力,只要你够努力,总有机会追上暂时在你前面的人。

一 人生篇

【 人生如戏 】

生活这场表演，更需要百遍练习，才可能换来一次美丽。

生活给你一些痛苦，只为了告诉你它想要教给你的事。

一遍学不会，你就痛苦一次，总是学不会，你就在同样的地方反复摔跤。

人生没有彩排，每一天都是现场直播。

偶尔会想，如果人生真如一场电子游戏，玩坏了可以选择重来，生活会变成什么样子？

正因为时光流逝一去不复返，每一天都不可追回，所以更要珍惜每一寸光阴，孝敬父母、疼爱孩子、体贴爱人、善待朋友。

小恩小惠攒多了就是一个大窟窿，只要接受就一定要找机会回报，行下春风望夏雨，付出就是为了收获，其实就是一个简单的种子与果实的关系。千万别让天真给害了，记住：人生如戏，都在寻找利益的平衡，只有平衡的游戏才有可能玩下去。

人生一台戏，在你上台之前舞台是空的，在你下台之后舞台还是空的。

人生是否精彩，关键在演戏的过程和担当的角色。

戏剧有悲剧、喜剧、情景剧、英雄剧，也有闹剧和恐怖剧。我们没法完全决定故事情节，但我们可以努力决定自己所担当的角色。

有的人一生演成了喜剧，有的人演成了悲剧，也有人演成了闹剧。

人生如戏，没有彩排，不是常常都会那么入戏，但有时都会假戏真做，好好珍惜每次演出的机会。

超凡心法 | 改变命运的55幅人生哲理画

弱者把自己当作人生的配角，总认为自己微乎其微，终生都活在别人的阴影中。

强者把自己当作人生的主角，感觉自己是神圣的存在，努力去演出。

智者把自己当作人生的编导，人生态势由自己操控，故事情节由自己安排，演出精彩的章节。

每个人都有属于自己的故事，有些人活了一辈子，简单说就是"笑话集锦"。也有些人一辈子颠沛流离，历经无数次的挫折，成就了一段段"感人故事"。更有些人的一生可歌可泣，成为恒久流传人间的"伟人传记"。其实，真正重要的是，不要只会听别人的故事，因为那永远跟你没什么关系，毕竟，对你而言那就只是个故事，不是吗？

亲爱的，请从现在开始，勇敢创造属于自己的独一无二的"传说"，让自己成为一个有故事的人吧。

【人生如棋】

人生如棋，你的对手就是命运。

人生如棋，它不用你去开局，因为它已经摆好了一个残局等着你。那里面有希望，也会有失望。

人生如棋，有时候也是"一步错，满盘皆输"，所以每走一步，请深思熟虑！

人生如棋，重要的是棋品。人生如棋，在棋局中必须时时努力。

人生如棋，有拒绝名利诱惑的心力，才能去面对名利，否则便会误入歧路。

一 人生篇

有此心力的人，在山下不灰心，在山巅不失态，在泥淖中不抱怨，在乱花中不迷路，能淡定从容地对待成败得失。

人生如棋，你再怎么小心也会有走错的时候。

你会后悔，可你却不能说"我可以悔棋吗"。

因为命运它不会同意，它只会趁你后悔的时候加紧向你进攻，让你越来越陷入困境。

所以不要再在那叹息了，后悔是没用的。

做错了，改过来。跌倒了，爬起来。无法改变就记住了，那是经验。

人生如棋，有进就有退，有退就有进，有得就有失，有失就有得。

退一步是为了进一步，让一步是为了下一步，失一步是为了得一步。丢卒才能保车，失小才可获大。

棋盘虽小，退一步海阔天空。

〖 人生如书 〗

人生就像一本书，不用心的人随便翻一翻，很快就翻到了人生的最后一页。

聪明的人，会慢慢地品味阅读，因为他知道只能读一次。

愿每个人无论遇到开心与不开心的事情，都要慢慢地去感受它。

因为人生真的很短，不要浪费了每个宝贵的经历！

每个人都是一本书。封面是父母给的，我们不能改变，我们所要做的就是尽力写好里面的内容。

或许，开头写得令自己或别人不太满意，但这没关系，只要我们尽力了，就无怨无悔。

〖 人生如车 〗

人生就是一列开往坟墓的列车，路途上会有很多站，很难有人可以自始至终陪着你走完，当陪你的人要下车时，即使不舍，也该心存感激，然后挥手道别。

人生就像是一辆车，不管是名车还是普通车，只要能开上路的就是好车，而这一路上，你唯一要做的就是，握好方向盘、注意前方、猛踩油门和别忘了踩刹车！

方向盘（由你决定自己要走哪条路）

前方（专注于自己的目标）

油门（积极往前冲）

刹车（休息是为了走更长远的路）

〖 人生如影 〗

人生就像一部电影，我们每个人都是它的导演。

当我们回忆过去时就像欣赏一部老电影，触动着我们，更教会我们怎样去剪辑明天。

人生篇

人生有太多的精彩，而我们则应学会选择性地放手，亮点太多的电影反而容易让人感到乏味。

生命是一场永远也无法回放的绝版影片，我们再也回不去了。

不可能再有一个童年，不可能再有一次初恋，不可能再有从前的天真烂漫，不可能再有曾经的简简单单！

昨天、今天和已经过去的每一个瞬间，都能回味而不能回返！这就是生命的真谛和生活的理念。

〖 人生如路 〗

人生的路上，我们都在奔跑，我们总在超赶一些人，也总在被一些人超越。

人生是一次长跑，考验的是耐力，只要你够努力，总有机会追上暂时在你前面的人。

在你停下来的时候，不要忘了别人还在后面奔跑，在你放弃的时候，不要忘记别人就在你的面前，只差一步而已。

人生，就像是去爬一座山一样，那些好走、舒服的路，往往都是"下坡"！

一个人虽然可以选择许多路，但不能同时走两条路。

人生道路上的每一个里程碑，都刻着两个字——起点。

我们每走一步，都是一个新的起点，这一个个起点连接成我们一

超凡心法 | 改变命运的55幅人生哲理画

生的轨迹。不要害怕开始,经历了起步时的艰难,方能产生飞跃的蜕变。不要畏惧结束,所有的结局都是一个新的开端。

只要路是对的,就不怕路远。无须回头,路在你的前面,后面只是你的影子。

每个人都有他的路,每条路都是正确的。人的不幸在于他们不想走自己那条路,总想走别人的路。

有些路很远,走下去会很累,可是,不走又会后悔。

这个世界上,谁都没有错,只是我们有不同的际遇,被迫走上不同的道路。

有的人生寂寞,有的人生多彩,不同的人有着不同的人生追求。人生是一条没有回程的单行线,每个人都用自己的所有时光前行。

〖 人生如 X 〗

人生是一座豪华的赌场,任何一场高筹码的赌局,都不能有分毫的犹豫,笃定信念才能使你成为大赢家。

人生就像饺子,无论是被拖下水,还是自己跳下水,一生中不蹚一次浑水就不算成熟。

生命不是一场赛跑,而是一次旅行。世间很多错误,往往是因聪明而生。懂得控制自己的聪明的人,就是懂得控制自己的愚蠢的人。

一 人生篇

人生有一种无奈，关于旅行：年少时，有时间有精力，但无钱；中年时，有钱有精力，但无时间；年老时，有时间有钱，但无力。

人生就是一场旅行，不在乎目的地，在乎的应该是沿途的风景以及看风景的心情。

人生的旅途没有完美，曲折亦是风景，想通就是完美。

人生就像一杯没有加糖的咖啡，喝起来是苦涩的，回味起来却有久久不会退去的余香。

相信许多人都有同感：人生就像爬烟囱，望着头顶的那一点光明，拼着命地往上爬！不是被前面的人踹，就是被后面的人拉！大家都争先恐后地往上爬！最终爬上了烟囱的顶端，结果却变成了一缕青烟。所以，不要着急，慢慢爬吧！踹你的人，让他先走，拉你的人，让他先走。因为，人生不过一缕青烟。

如果生活是茶水，那么金钱、名利、地位都是杯子。没有杯子我们喝不到水，杯子只是工具。

杯子不一定要最好，茶好才是好。太多的时候，我们烦恼、郁闷、忧愁，都是因为太看重手中的杯子，而忘了杯中的茶香。

工作、赚钱的目的都是为了更好地生活，可是我们常常在奔赴目的地的路上忘记了出发时的初衷。

生命是一场真实的角斗，而不是虚假的演练，每一个人都应该为自己的梦想而拼搏。任何左右观望、畏缩不前的人，最终都会被生活摒弃在成功的大门外。每一个人都有让自己的生命绽放的权利和自由，在成功的道路上我们没有任何理由去逃避和找借口，因为越是矮小卑微的生命，越能证明生命的伟大和不屈。

人生就像马拉松，获胜的关键不在于瞬间的爆发，而在于途中的坚持。你纵有千百个理由放弃，也要给自己找一个坚持下去的理由。很多时候，成功就是多坚持一分钟，这一分钟不放弃，下一分钟就会有希望。只是我们不知道，这一分钟会在什么时候出现。所以，再苦再累，只要坚持走下去，属于你的风景终会出现。

生命就是一个不断去满足欲望的过程，满足不了就会痛苦，满足了又会无聊。人的欲望就像拉长的橡皮筋，找不到挂靠的地方，就会弹回来打中自己。

二 成败篇

（一）成功

突破自我，成长成熟

自我是最难突破、最难放弃的，真正的成功就是不停地改进、提升和完善自我，最终突破自我和超越自我。事业的发展是无止境的，人生的成长也是无止境的。

18. 心　力

超凡心法 | 改变命运的 55 幅人生哲理画

与其战胜敌人一万次，不如战胜自己一次。

（画）

行情高涨露笑颜，行情下跌欲跳楼。唯有制心求真相，动静适宜得高酬。

（悟）

战胜自己，最重要的是战胜自己的心。心随境动，那是凡夫，制心一处，才是圣贤。

二　成败篇

19. 连　线

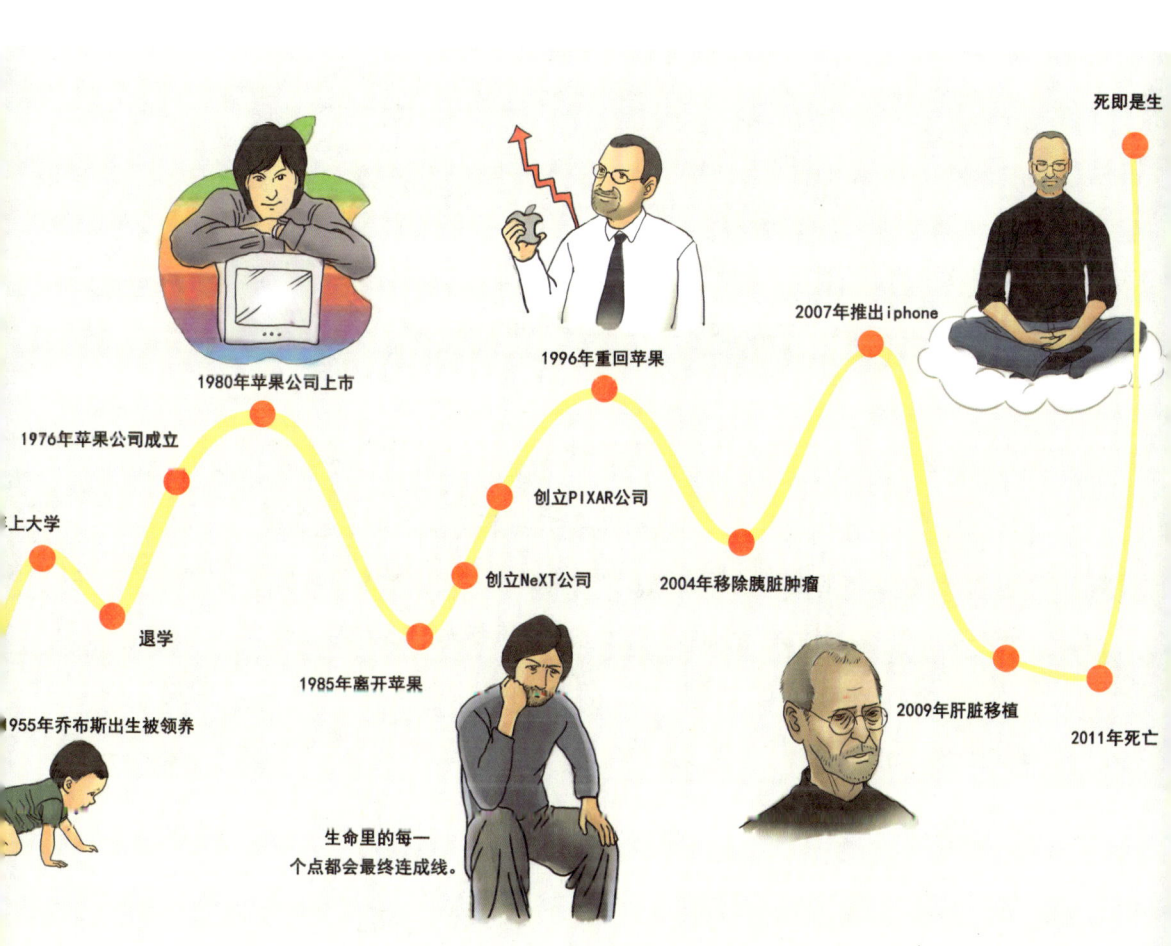

死即是生

2007年推出iphone

1996年重回苹果

1980年苹果公司上市

1976年苹果公司成立

创立PIXAR公司

上大学

创立NeXT公司

2004年移除胰脏肿瘤

退学

1985年离开苹果

2009年肝脏移植

2011年死亡

1955年乔布斯出生被领养

生命里的每一个点都会最终连成线。

83

人生最精彩的不是成功的瞬间,而是坚持的每一个过程。

(画)

乔布斯:生命里的每一个点都会最终连成线。但你不能预先把点点滴滴串在一起,唯有未来回顾时,你才会明白那些点点滴滴是如何串在一起的。

(悟)

人生的每一步都形成一个点,那些点记载了一个人的奋斗过程,有高峰,有低谷,人生的意义就在于此。

二　成败篇

20. 苦　难

超凡心法 | 改变命运的 55 幅人生哲理画

武林高手比的是经历了多少磨难，而不是取得过多少成功。

（画）

耳聋的贝多芬、遭受宫刑的司马迁、瘫痪的霍金，无一不在诠释着"武林高手"的内涵。

（悟）

自古以来，成大事的人，都要历尽磨难。要享最大的福，就得吃最大的苦，这也是辩证法。

二　成败篇

21. 爬　山

| 超凡心法 | 改变命运的 55 幅人生哲理画

从小山上走下来,重新去攀爬大山。走下来就等于放下身段,而放下身段,对成功者来说却是最困难的。

(画)

是欢呼不前,还是就地休息,还是继续出发?决定了一个人的高度。

(悟)

人生最难超越的是自己。舍弃现在拥有的的确很难,但人生有时需要主动清零。不从一座山上下来,又怎么能够爬上另一座更高的山呢?

二　成败篇

22. 朝　拜

超凡心法 | 改变命运的55幅人生哲理画

有时，我们做出的最艰难的抉择，最终成为我们做过的最漂亮的事。

(画)

从普陀山观音道场到五台山文殊道场，三千里之遥，三步一拜，行走三年，此种决策不可谓不艰难，但成就了近代的一代高僧虚云。

(悟)

发非常之愿，行非常之举，人生得以圆满。

二　成败篇

23. 心　门

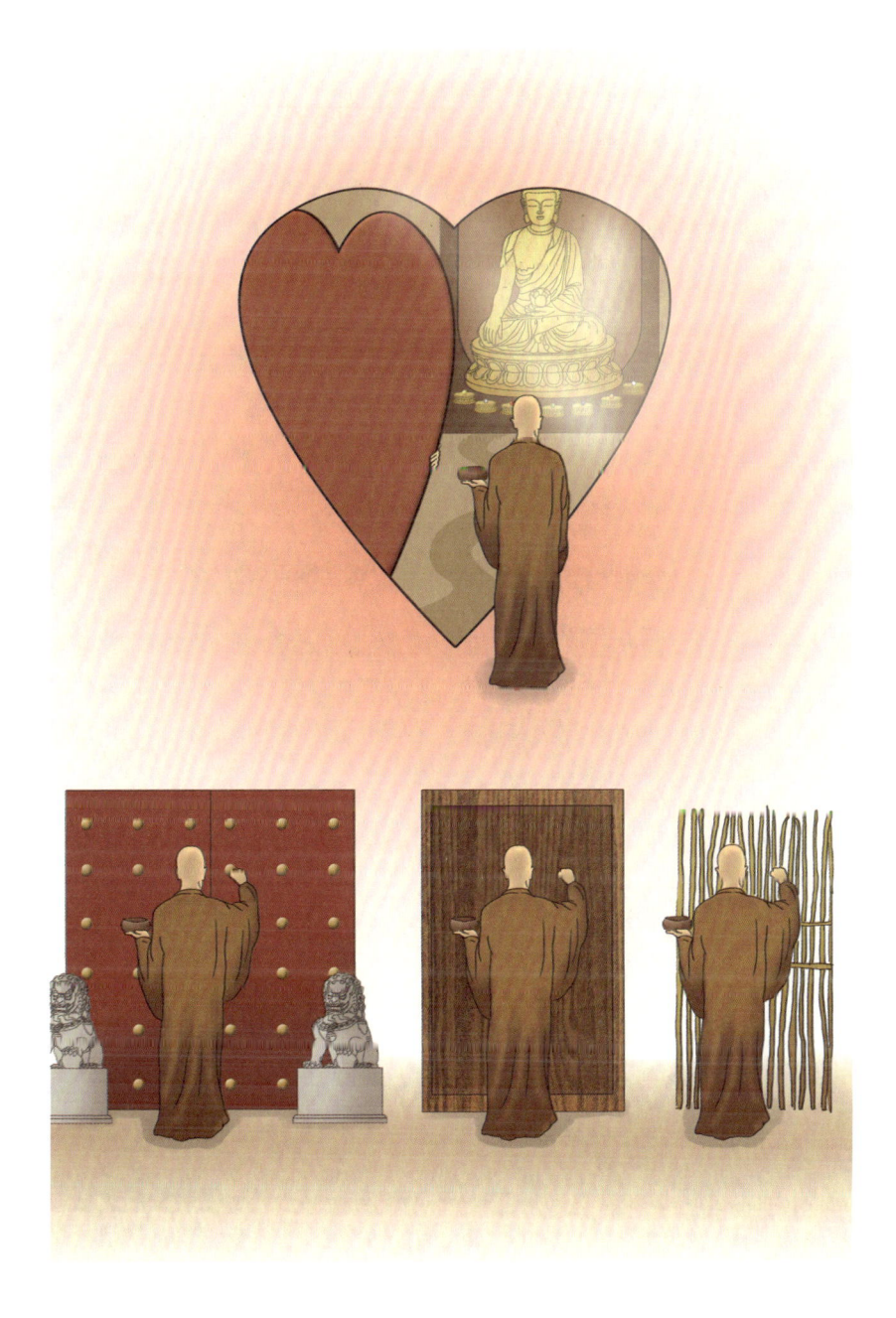

91

在进入正确的门之前，每个人都必须去敲很多次门。等到大门打开了，你将发现一切都是值得的。

画

敲遍铜门、木门、柴门，最后敲开的才是属于你的心门，而你也将门开见佛。

悟

每个人都有一扇属于自己的门。很多人一辈子也没找到或敲开这扇门。要找到属于自己的那扇门，就要不停地敲门。

二　成败篇

24. 挖　金

超凡心法 | 改变命运的 55 幅人生哲理画

做别人所不能做的事，就能享受别人所不能享受的一切。

(画)

浅尝辄止无所获，坚持到底始见金。

(悟)

也许今天特别难，但收获可能特别大。面对变量，有时候态度、决心比能力更重要，永不放弃是唯一的解决之道。

二 成败篇

25. 插　秧

| 超凡心法 | 改变命运的55幅人生哲理画 |

失败者有无数目标，而成功者只有一个目标。

(画)

盯着树插秧，秧苗直；盯着牛插秧，秧苗歪。

(悟)

不是没有目标，而是目标太多；不是没有目标，而是目标总变。

二　成败篇

〖 成功定义 〗

衡量一个人成功的标志，不是看他登到顶峰的高度，而是看他跌到低谷的反弹力！

人这辈子不一定要有多大成就，但多多少少要有点成就感。

大部分的人对于所谓成功，只有两个标准：小时候的分数和长大之后的钱数。

人生自有其沉浮，每个人都应该学会忍受生活中属于自己的一份悲伤，只有这样，你才能体会到什么叫作成功，什么叫作真正的幸福。

很多当时被认为是巨大的挫折或伟大的成就的，其实只是微不足道的小事。

所谓铁饭碗，不是在一个地方吃一辈子饭，而是一辈子到哪里都有饭吃！

我们有一种天生的惰性，总想吃最少的苦，走最短的弯路，获得最大的收益。

有些事情，别人可以替你做，但无法替你感受，缺少了这一段心路历程，你即使再成功，精神的田地里依然是一片荒芜。

成功的快乐，收获的满足，不在奋斗的终点，而在拼搏的过程。

超凡心法 | 改变命运的55幅人生哲理画

【成功素养】

但凡成功之人,往往都要经历一段没人支持、没人帮助的黑暗岁月,而这段时光,恰恰是沉淀自我的关键阶段。犹如黎明前的黑暗,挨过去,天也就亮了。

生存的压力,生活的苦难,每一个人都须面对。一开始就选择逃避的人,一开始就选择了失败。

成功路上最心酸的是要耐得住寂寞、熬得住孤独,总有那么一段路是你一个人在走,一个人坚强和勇敢。

也许这个过程要持续很久,但如果你挺过去了,最后的成功就属于你。人的一生没有过不去的坎,跨坎的原动力在自己。

成功的人不外乎两点:一是做事成功,二是做人成功。
做人不成功,成功是暂时的;做人成功,不成功也是暂时的。

成功的有两种人,一种人是傻子,一种人是疯子。
傻子是会吃亏的人,疯子是会行动的人!

一个人能有多成功,有一个足够强大的对手很重要。这个对手可能是一个人,一件事,一个逆境,甚至是你人性深处的另一个自己。

一个成功的人要耐得住寂寞,耐得住诱惑,还要耐得住压力,耐得住冤枉,外练一层皮,内练一口气,这很重要。

如果想要出人头地,首先就要耐得住寂寞,因为成功的钥匙往往就藏在寂寞的口袋里。

对于那些成功人士，人们总是惊叹于他们夺目的光环，却很少看到他们成功之前的寂寞。

只要能在每一个寂寞的日子里辛勤耕耘，总有一天，你会看到成功的花儿朵朵绽放。

成功者之所以能发挥自己的最大价值，关键是因为他了解自己，也知道自己想要什么。

人生最大的悲哀不是被人骗，而是骗自己。

更可悲的是有人竟然骗了自己一辈子，还不愿意醒过来！

【使命的力量】

玄奘当初在穿越沙漠的时候，曾雇了两名身强体壮的当地人陪同带路，但最终这两名当地人都在半路跑掉了。而玄奘历经五天缺水，几番昏厥的绝境，最终一个人奇迹般地坚持走出了沙漠。

为什么体格强健的当地人却做不了呢？因为他们没有来自精神上的力量，他们只是为了钱而去穿越沙漠。

成功者都能为理想低头弯腰。

拿破仑·希尔曾说过："我发现，凡是一个情绪比较浮躁的人，都不能做出正确的决定。成功人士，基本上都比较理智。所以，我认为一个人要获得成功，首先就要控制自己浮躁的情绪。"

办事有条理、有秩序，是成功者的一种表现！

一个人如果办事慌慌张张，像无头苍蝇一样，是无法提高工作效率的，自然也无法得到他人的青睐，很难走进成功者行列。

敢于挑战自己是成功者的一个重要素质。

只有敢于挑战自己，你才会对自己提出更高的要求。

成功者做事的三个态度：一是做别人做不到的事；二是做别人想不到的事；三是做别人不愿意做的事。

只有这样做了，你才能享受到别人享受不到的成功。

很多所谓成功的人，在他们的人生中，爬上了一座小山，就以为自己已经很成功了。然而有一句老话：一山更比一山高，人外有人，天外有天。如何从小山的山顶到大山的山顶呢？

唯一的办法就是：从小山上走下来，重新去攀爬大山。

走下来就等于放下身段，而放下身段，对成功者来说却是最难的。

【诺贝尔告诉你成功的真谛】

诺贝尔小时成绩总是第二，第一总是柏济。

有次柏济病休，他有机会得第一，却将上课笔记寄给柏济，期末柏济还是第一。

他长大成为化学家和巨富，将所有财产捐出，设立诺贝尔奖。

世界只知第二名的诺贝尔，鲜知第一名的柏济。

成功绝非只靠一时的聪明才智，更重要的是看你的心胸气度。

【成功者必备五个素质】

1. 有肚量容忍那些不能改变的事。
2. 有勇气改变那些可能改变的事。
3. 有能力发现那些可有可无的事。
4. 有智慧分辨那些非此即彼的事。

5. 有恒心完成那些看似无望的事。

〖 **成功方法** 〗

成功的秘诀是不怕失败和不忘失败。

成功者都是从失败的炼狱中走出来的，成功与失败循环往复，构成精彩的人生。成功与失败的裁决，不是在起点，而是在终点。

成功不是将来才有的，而是从决定去做的那一刻起，持续累积而成。

为什么一直没有成功？这一生中不是没有机遇，而是没有争取与把握。借口太多，理由太多，就是不行动……

斩断自己的退路，才能更好地赢得出路。很多时候，我们都需要一种斩断自己退路的勇气。

因为身后有退路，我们就会心存侥幸和安逸，前行的脚步也会放慢。如果身后无退路，我们就会集中全部精力，义无反顾，勇往直前，为自己赢得出路。

每一天都专注于当天。成功的人把他们的精力放在此时此刻他们能够改变的事情上。他们不担忧昨天或明天。

如果你已失败很多次，不要觉得沮丧，因为即使再成功的人也一样。在进入正确的门之前，每个人都必须去敲很多次门，事情就是这样。你会一再地跌倒，但你必须一再站起来。等到人门打开了，你将发现一切都是值得的。

超凡心法 | 改变命运的55幅人生哲理画

走向成功离不开五个人：贵人相助，高人指点，小人监督，家人支持，个人努力。

成功没有快捷方式。你必须将你的天赋、才能、技巧发挥到最大限度，才能把其他所有人甩在你后面。

小溪为什么能抵达大海？

就是因为小溪在遇到障碍时，懂得转弯，懂得绕道而行。

当一时绕不过去时，它懂得静下心来，慢慢地积蓄力量，慢慢地提升自己，最终去超越障碍，继续前行，直至抵达遥远的大海。

水能抵达大海，就是因为它巧妙地避开所有障碍不断拐弯前行。

许多聪明人没能走上成功之路，是因为撞了墙不回头。

人生路上难免会遇到困难，拐个弯，绕一绕，何尝不是个办法。山不转路转，路不转人转。

只要心念一转，逆境也能成机遇，拐弯也是前进的一种方式。

这个世界并不是掌握在那些嘲笑别人的人手中，而恰恰掌握在能够经受得住嘲笑与批评仍不断往前走的人手中。

如果做与不做都会有人笑，那么索性就做得更好，来给人笑吧。

成功就是红利，失败就是无价的经验。

成功需要改变，用新的方法改变过去的结果。

你每天都在做很多看起来毫无意义的决定，但某天你的某个决定就能改变你的一生。

每个人都不是生来平凡的。如果过了30年，你还依旧平凡，那只能说明，过去的岁月里，你把时间全部平均分配在了各个方面。

人生其实不应该用来平均分配。因为时间是一种投资，你集中投资到某个领域，就必然会在这个领域有所成就。

出色，是因为把时间用在一个地方。平均的结果，就只有平庸。

等待永远无法知道答案。

对与错，成与败，得与失，总是要走上几步才会见分晓。

成功人士所达到并保持着的高处，并不是一飞就到的，而是他们在同伴们都睡着的时候，一步步艰辛地向上攀爬的结果。

两个饥饿的人得到恩赐：一根鱼竿和一篓鲜活的鱼。一个要了鱼，另一个要了鱼竿，他们分道扬镳。

得到鱼的不久后饿死，得到鱼竿的还没找到海就饿死了。

又有两个人，同样得到了鱼竿和鱼，但他们并没有各奔东西，而是一边煮鱼一边找海，最终到海边开始了新生活。

启示：理想和现实抱团，成功便指日可待。

在事业上谋求成功，没有什么绝对的公式，但如果能依赖某些原则的话，能将成功的希望提高许多。

如果在竞争中，你输了，那么你输在时间；反之，你赢了，也赢在时间。

成功，不在于你赢过多少人，而在于你与多少人分享利益，帮过多少人。你与之分享的人越多，帮过的人越多，服务的地方越广，那你成功的机会就越大。

永远成功的秘密，就是每天淘汰自己：你不与别人竞争，并不意味着别人不会与你竞争；你不淘汰别人，就会被别人淘汰；别人进步的同时，你没有进步，就等于退步。

成功与失败只差一个决定念头，有的人因为这一念之差造成悔恨终生。

如果你想展翅高飞，你就多与雄鹰为伍，并成为其中的一分子。如果你经常和小鸡混在一起，那你就别想高飞。

即使本来有一百的力量足以成事，但要储足两百的力量去攻，而不是随便去赌一赌。

我们常常在做了99%的努力以后，放弃了可以到达成功彼岸的那1%。失败和成功之间，往往只有一小步的距离。也许我们很难知道离成功究竟还有多远，但是我们十分清楚自己到底还能撑多久。我们不一定能等到胜利到来的那一刻，但可以肯定的是，我们可以坚持到自己的最后那一刻。

许多无法成功的人不在于没有目标，而是将幻想当成了目标；不在于没有努力，而在于没有毅力。

【 成功秘方是对成功的欲望大于对失败的恐惧 】

如果说世界上有任何成功秘方，其中最关键的元素必定是对成功的欲望远远大于对失败的恐惧。这心态像刀锋，锐化你对什么是"可能"的触觉，激发你的梦想；像预警系统，令你对自满情绪和停滞时刻警惕，令你审慎律己、敢爱、敢说实话、敢当万绿丛中那点红。

二 成败篇

自信是走向成功之路的第一步；缺乏自信是失败的主要原因。

如果你做某件事情，觉得不够成功，原因当然很多，最致命的原因之一就是你自己先怀疑自己不行，不够优秀。

大黄蜂的翅膀和身体很不成比例，但它照样能飞起来，原因只是因为它想飞。鲸鱼没有鱼鳔，但它照样能在水里漂起来，只是因为它在不停地摆动身体。

我们想要成功，既要像大黄蜂那样有振翅高飞的愿望，还要像鲸鱼那样不停地摆动，为理想而不懈努力。

【蹲下来，才能跑得更快】

一个人起点低并不可怕，怕的是境界低；一个人起步低也不可怕，怕的是不能归零。

越计较自我，越不能归零；相反，越是主动沉下来，他就越会快速发展。

很多取得一定成就的人，都是一次次归零再归零，从零开始，把自己沉淀再沉淀、倒空再倒空，他们的人生才一路高歌，一路飞扬。

世界上真正竭尽全力去努力最后却不成功的人很少很少，敢于行动，就已经有了七成的成功可能性。

这个世界上最不可能成功的，是那些做事情瞻前顾后，前怕狼后怕虎的人。

从不获胜的人很少失败，从不攀登的人很少跌跤。
要想知道成功的滋味，就得敢闯敢拼。

超凡心法 | 改变命运的55幅人生哲理画

不是井里没有水，而是挖得不够深。

不是成功来得慢，而是放弃速度快。

每个人都渴望成功，但却因担忧失去而不肯付出。

世界是充满竞争的，人生就是在输赢中摆荡。

每一次输赢，都在考验着一个人的 EQ 和他面对变化的心态。

老板问："石头怎样在水上漂？"

有人说："掏空石头或把它放在木板上。"老板摇头。

有人说："速度！"

老板说："正确！人生路上没人等你，与时间赛跑才可能赢。如果成功有快捷方式的话，就是飞，随时随刻准备飞。"

字典里最重要的三个词，就是意志、工作、等待，要在这三块基石上建立成功的金字塔。

失败者有无数目标，而成功者只有一个目标。实现目标需要你始终专注地去执行，如果今天一个目标明天一个目标，这里努力一下那里努力一下，你一个目标也不会达成，注定失败。唯有那些专注于一个目标，向一个方向不停努力的人才会成功。

大目标等于小目标的总和。一些大目标看似难以实现，但把它分割成无数个小目标，实现起来就不再是什么难事了。每天实现一个小目标，日积月累，你就会收获人生的大成功。

（二）失败

败为胜始，胜为败终

成功的道路上充满困难和障碍。成功与失败的辩证关系：失败是常态，成功是终态；失败是奠基，成功是跨越；失败是求证，成功是证实；失败是教训，成功是经验。

超凡心法 | 改变命运的 55 幅人生哲理画

所思所悟

二 成败篇

26. 电 灯

失败不等于失败者。失败只是一时的，随时可以从头来过，但只要选择放弃，那就注定会是个失败者！

（画）

爱迪生发明电灯的故事，成功地为我们诠释了成功和失败的关系，没有几千次的失败，怎么能有今天的灯火通明？

（悟）

没有失败的积累和沉淀，哪有成功的灿烂和辉煌？

〖失败不等于失败者〗

很多人一碰到失败，就把自己当成是一个失败者，这是不对的，失败是让自己迈向成功的过程，最重要的是能否从失败中吸取教训，并将其化作通往成功路上的有利经验。

如此一来，多失败几次就更接近成功，不是吗？

如果只是一个小小的失败，就让我们灰心丧气，毫无热情与斗志，甚至选择自暴自弃，那这样的人就是一位失败者！

没有摔过跤的孩子，是学不会走路的，父母过分的溺爱和担忧，会剥夺子女成长的机会。失败的教训与成功的经验具有同等的价值。

逆反现象表现在子女身上，问题的根源却在父母。

父母是原件，子女是复印件，父母好好学习，子女才能天天向上。

成功一定有方法，失败一定有原因。

失败的原因只有一个，那就是四个字：学习不够！

失败并不意味着你浪费了时间和生命，而是表明你有理由重新开始。

天下古今之才人，皆以一傲字致败。天下古今之庸人，皆以一惰字致败。前者看不起天下所有人，自以为最聪明，往往招来他人的不满和怨恨；而后者什么事都想"明天"再做，结果总是一事无成。

想赢，要先认输，输了就输了，一个不敢接受失败的人，也没有权利接受成功的机会。

成功固然需要鲜花和掌声，但是失败更需要鼓励和支持，没有失败的积累和沉淀，哪有成功的辉煌和灿烂！

失败是成功的基础，基础扎实了，成功自然就来了。

很多人总想一步登天，那只能是梦想，没有任何人未经失败就成功的。

万一真的失败了，也不必怨恨，慢慢等待东山再起的机会，只要一息尚存，仍有做最后决战的本钱。

真正的犯错只有一种，那就是没有从错误中学到任何教训。

无论是谁，从事什么样的行业，都是在改正错误中学会进步的，经历的错误越多，越能进步。

这是因为他能从中学到许多经验，即失败也是一种机会。

所以，不用害怕失败，那或许是你成功的起点。

成功的时候不要忘记过去；失败的时候不要忘记还有将来。

失败是一个事件，不是一个人。一个人一生中会遇到很多事情，失败只是其中之一而已。所以，不要因失败而否定自己。

人生最痛的不是失败，而是没有为之战斗的目标。

人生处于最低处有个好处，就是从哪个方向努力，都是向上。

三 做人篇

（一）心里有他人

人我一体，广结善缘

来到我们面前的每一个人都是来考验我们、帮助我们、成就我们的。你渴望爱、渴望智慧，就先让自己变成一个有爱心、有智慧的人，那么你处处碰到的都是有爱心的人、有智慧的人。

三　做人篇

27. 低　头

超凡心法 | 改变命运的55幅人生哲理画

懂得低头，才能出头。

画

低头撞线得冠军。

悟

地低成海，人低成王。低头为出头赢得空间和时间。

三 做人篇

28. 角　度

学会换位思考，尊重他人的想法。

（画）

是6是9，就看你站在哪个角度看。

（悟）

尊重的关键就在于换位思考。

三 做人篇

29. 乞 丐

| 超凡心法 | 改变命运的55幅人生哲理画

尊严是非常脆弱的,经不起任何的伤害。

（画）

维护他人的尊严,哪怕对方是乞丐!

（悟）

施舍也要有一颗恭敬的心,要么就会变成侮辱。

三 做人篇

30. 优　点

超凡心法 | 改变命运的 55 幅人生哲理画

每个人都有自己的优点。

画

强大的老虎临崖兴叹,弱小的蚂蚁却能抵达。

悟

看人要看优点,用人要用长处。要有摄影师的眼光,善于发现无处不在的美。

三 做人篇

31. 夜　幕

超凡心法 | 改变命运的 55 幅人生哲理画

你如何对待别人，别人也会如何对待你。

（画）

盲人点灯、天堂喝粥、过独木桥都讲了只有满足别人才能满足自己的道理。

（悟）

南怀瑾说：中国几千年教育的目的，不是为了谋生，是教我们做一个人。

三　做人篇

32. 爬　杆

超凡心法 | 改变命运的55幅人生哲理画

向上爬时，对遇到的人好点，因为掉下来时，你还会遇到他们。

画

拖拉提拽，众人拾柴火焰高，上去有力；蹬踩踏踹，一人升天众人骂，下来遭扔。

悟

三十年河东，三十年河西；皇帝轮流做，明年到我家，说的都是世事无常。正因为如此，做人做事才更需要留有余地。

三 做人篇

33. 让　路

超凡心法 | 改变命运的55幅人生哲理画

宽容别人，就是肚量；谦卑自己，就是分量；合起来，就是一个人的质量。

(画)

为狗让路，既成全了他人，也保护了自己。

(悟)

宽容和谦让是智慧，是慈悲。谦让的极致，是要修炼自己的忍辱精神。

三　做人篇

34. 敌　友

敌人一旦变成朋友，比朋友更可靠。

朋友一旦变成敌人，比敌人更危险。

（画）

表面笑嘻嘻，背后动刀子；放下刀与剑，击掌心连线。

（悟）

化敌为友，是慈悲，更是智慧。反目成仇，要反思，更要小心。

三 做人篇

35. 雨 伞

超凡心法 | 改变命运的55幅人生哲理画

把自己当雨伞，处处都有朋友。

把别人当雨伞，处处丢失朋友。

(画)

每有患急，先人后己。

(悟)

平时互利，难时相助。

三　做人篇

36. 四　度

有四种尺度可以测量人，那便是金钱、酒、美色以及对时间的态度。

（画）

人被欲望之物捆住手脚，以致失去真面目。

（悟）

这四种尺度有共同之处——它们都有吸引人的地方，但是不可以沉迷其中。

三 做人篇

〖 低 调 〗

【年轻人易犯三个错误】

一是太得意，稍有成绩就看不起人，觉得他人是傻瓜；

二是太傲气，不愿和人合作，不愿安心在别人下面工作；

三是太精明，从不吃亏，从不肯和人分享东西。

古语说：自满者败，自矜者愚，自贼者害。

有才而高调，是强人；有才而低调，是能人。

强人令人畏，能人使人敬；强人树敌多，能人盟友多。

强人智商高、情商低，能人智商高、情商亦高。

宁做强人，不做庸人；宁做能人，不做强人。

背后夸奖你的人，知道了，要珍藏在心里，这里面很少有水分。当面夸奖你那叫奉承，说得再难听些叫献媚。你可以一笑而过。也许不久就有求于你。

对于那些当众夸奖你的人，就疏忽不得，也许你转过身去，他就会用指头戳你。

掌握一条原则：逢人多贬自己，也少夸别人，选先评优的时候除外。

要学到新东西，要不断进步，就必须放低自己的姿势。

只有懂得谦虚的意义，才会得到别人的教诲，才会处处受人喜爱。低头是一种能力，它不是自卑，也不是怯弱，它是清醒中的嬗变。

有时，稍微低一下头，或许我们的人生路会更加精彩，我们的能力也会有所长进。

一个人活在世上，就必须时刻记住低头。

超凡心法 | 改变命运的 55 幅人生哲理画

大师们提到的"记住低头"和"懂得低头"之说，就是要我们记住：不论你的资历、能力如何，在茫茫人海里，你只是一个小分子，无疑是渺小的。当我们把奋斗目标看得很高的时候，更要在人生舞台上唱低调。

在生活中保持低姿态，把自己看轻些，把别人看重些。其实，我们的生活又何尝不是如此。自认为怀才不遇的人，往往看不到别人的优秀；愤世嫉俗的人，往往看不到世界的美好……

世上没有一份工作不辛苦，没有一处人事不复杂。

即使你再排斥现在的不愉快，光阴也不会过得慢点。

所以，用点心吧！不要随意发脾气，谁都不欠你的。

要学会低调，取舍间必有得失，不用太计较。

要学着踏实而务实，越简单越快乐。

当一个人有了足够的内涵和物质做后盾，人生就会变得气势十足。

做人像水，做事像山。

做人尽量往低处走，让着别人，遇见利益和名声尽可能往下退，给自己留下做大的余地。

做事一定要有自己的主见和目标，像山一样挺立在那儿，才能把事做好。

保持低调，才能避免树大招风，才能避免成为别人进攻的靶子。如果你不过分显示自己，就不会招惹别人的敌意，别人也就无法捕捉你的虚实。

得人心者得天下。

地低成海，人低成王。

三 做人篇

以力取道必自毙，以德服人天下宽。

〖守　信〗

话别说得太圆满，目的是给意外留有余地，以免下不了台。

别在喜悦时许下承诺，别在忧伤时做出回答，别在愤怒时做下决定，三思而后行，做出睿智的行为。

这个世界上的承诺只有两种，履行得了的和履行不了的。前者让人从生命的高度真诚地尊敬，后者只是一声叹息。

与新老朋友相交时，都要诚实可靠，避免说大话。要说到做到，不放空炮，做不到的宁可不说。

话说出去前你是话的主人，说出去之后你便成了话的奴隶。

信任就像一张纸，皱了，即使抚平，也恢复不了原样了。

〖宽　容〗

一个成大事的人，不能处处计较别人，消耗自己的时间去和人家争论，不但有损自己的性情，且会失去自己的自制力。

不要苛求别人都对自己好，不要苛求别人都对自己不计较。
生活中，总会有人对你说三道四，总会有人对你指手画脚。

水至清则无鱼，人至察则无友。

处处不能容忍别人的缺点，那么人人都变成"坏人"，也就无法和平相处。

傻与不傻，要看你会不会装傻！

做人太清醒容易受伤，过于精明计较使人烦扰，难得糊涂可以减少烦恼。

人生不过是你笑笑别人，同时又被人笑笑，就过了几十年！

道歉并不总意味着你是错的，对方是对的。有时它只是意味着相对而言，你更珍视你们之间的关系。

我们常常能原谅一贯犯错的人，却不原谅偶尔犯一次错的人。

从来不对你说鼓励话的人，偶尔一句好话却让你激动不已。

一滴墨汁落在一杯清水里，这杯水立即变色，不能喝了。

一滴墨汁融在大海里，大海依然是蔚蓝色的大海。

为什么？因为两者肚量不一样。

凡事都留个余地，因为人是人，人不是神，难免有错处，可以原谅人的地方，就原谅人。

〖 尊　重 〗

每个人都有自己的特点，每个人都是独一无二的奇迹。

尺有所短，寸有所长，不必拿自己的优点与别人的缺点做比较。

三　做人篇

也不必经常自叹某某处总不如人，因为没有谁可以号称完美。

人生的许多败笔，是输在距离上。

暗恋某人，或者某人有利用价值，总想与之走得近些，太近则摩擦多，久之易生不满、误解、矛盾、隔阂，最终疏远。

与人相处的距离，其实是相互间的一种尊重。

有了距离，才有双方的空间与自由，心灵与情感才不会窒息。

我们都有自己的生活，尽量多给彼此一些转身的余地。

真正的尊重就是，我们可以互相不喜欢，我们可以互相讨厌对方，但彼此还是要互相尊重，这就是我们为人处事的基本原则。

倾听、适时闭上嘴巴、提供别人满足感。

善于说服别人的人，并不是时时滔滔不绝，强力推销，他们会做以下七件事：目标清楚，倾听，创造联结，别人的看法也有价值，提供给别人满足感，知道闭上嘴巴的时候，知道何时应该退下。

不为五斗米折腰的人，在哪里都有。你千万别伤害别人的尊严，尊严是非常脆弱的，经不起任何的伤害。

每个人都有自己的优点，只是你没有发现罢了！

人这一生，谁也不会先知道自己的以后是什么样子，所以不要用卑微的眼神去看别人。

有人做错了事情或者你发现其他人做错了事情，不要用情绪性的方式批评别人，尤其要注意就事来评价，避免评价别人的人格、个性与家庭教养。批评时能提出解决方案，批评就更有建设性。也不要只有批评，批评时要不忘肯定别人的长处。如果批评时能比较幽默，往

139

往负面效果就更少。

〖友　善〗

生活中会遇见各式各样的人，你不可能与每个人都合拍，但是有一点是放诸四海皆准的：你如何对待别人，别人也会如何对待你。

当我们拿花送给别人的时候，首先闻到花香的是自己。

当我们抓起泥巴抛向别人的时候，首先弄脏的也是自己的手。

如果你不能被人利用，表示你没价值！

如果你老是被人利用，表示你没脑子！

做人，要懂得善于被人利用，不要老去计较得与失。若我们只会占人便宜，却从来不让人占我们的便宜，将来注定没人愿意和我们打交道！

你解决了别人的多少个问号，你就会获得多少别人回报的惊叹号。

做人如果可以做到"仁慈的狮子"，你就成功了！仁慈是本性，你平常仁慈，但单单仁慈，业务不能成功，除了要合法之外，更要合理去赚钱。但如果人家不好，狮子是有能力去反抗的，做人应该是这样的。

三 做人篇

〖谦 虚〗

与其跟狗一路走，不如让狗先走一步，如果给狗咬一口，你即使把狗打死，也不能治好你的伤口。

有时候，闭上嘴，放下骄傲，承认是自己错了，不是认输，而是成长。

不熟的麦穗直刺刺地向上挺着，成熟的麦穗低垂着头。
为什么？因为两者的分量不一样。
宽容别人，就是肚量；谦卑自己，就是分量；合起来，就是一个人的质量。

不知道就说不知道。
宁愿问一百次路，也好过迷一次路。
勇于承认自己有所不知，也是一种长处。避免因为装懂造成不可挽回的大错误。

承认错误，就少了一半错误；掩饰错误，就多了一倍错误；改正错误，便没有错误。

〖感 恩〗

人生在世，总会碰到一些有恩于自己的人，特别是一些在自己成长进步中、危难关键时帮助过自己的人，不可、不该、更不能忘却。

知恩得感恩，感恩不是停留在嘴巴上，而是要体现在行动上，关键看在他人，特别是有恩于自己的人需要帮助时，能否助人一臂、帮

141

人一把。

"孝天的钱一定要花"。

也就是孝顺爸爸妈妈的钱一定要给。也许有人会认为当自己连吃穿都不够用，而且还负债累累时，根本没有办法定期给父母亲零用钱；也有人会说家里又不缺钱，爸妈都说自己够用，不用拿钱回家呀！不管你的父母经济情况如何，孝顺爸爸妈妈的钱是一定要定时定量给予的。

再怎么穷，一个月也要挤出钱来孝敬父母！想想看，你的父母会不会因为负债、缺钱就不抚养你？他们再怎么穷，还是把你抚养长大了，不是吗？所以现在你回报他们也是应该的，怎么可以有钱才给父母，没钱就不奉养呢？其实，你或许不知道，父母就是我们的天时，我们与父母的互动可以累积天时的能量，一个人如果没有天时，这一辈子做任何事都无法顺利。

〖 交　友 〗

处理好与他人的关系，就三句话：看人长处、帮人难处、记人好处。

跌倒时，当然可以自己爬起来，但如果有贵人拉你一把，你站起来的速度更快，也更有能量往前冲。

【一定要交四位朋友】

1. 欣赏你的朋友：在你穷困潦倒的时候鼓励你、帮助你。
2. 有正能量的朋友：在你伤心难过的时候陪伴你，开解你。

三 做人篇

3. 为你领路的朋友：愿意无私引领你，走过泥泞，迷雾。

4. 会批评你的朋友：时刻提醒你，监督你，不希望你的人生路走得磕磕绊绊。

交一个朋友需要几年、几十年，可得罪一个朋友只需要几分钟。多一份思考，少一份失误。

酒逢知己千杯少，茶逢知己一杯醉。

朋友不在量，而在于质。有些朋友，没有酒的浓烈，只有茶的淡雅，在你得意时，逆耳忠言，在你失意时，排忧解难。

人生遇几杯好茶便欢喜，人生有一两个知己便足矣。

你是谁不重要，你和什么样的人在一起才是最重要的！

跟着百万赚十万，跟着千万赚百万，跟着亿万赚千万。一根稻草不值钱，绑在白菜上，就是白菜的价钱；绑在大闸蟹上就是大闸蟹的价格。

跟着苍蝇进厕所，跟着蜂蜜找花朵。跟积极的人在一起，你就是积极的；跟消极的人在一起，你就会出口成脏。

朋友，看看你所在的环境，是不是需要改变呢？

当你犯错的时候，顺从你的人不一定是朋友，但是反对你的，一定是真正关心你的朋友。

当你处于困境时嘘寒问暖的人不一定是朋友，但竭尽全力帮你解决问题的，一定是真心关爱你的朋友。

当你寻求帮助时左问右问的人不一定是朋友，但默默帮忙后再细细询问的，一定是值得你一生珍惜的朋友。

雄鹰在鸡窝里长大，就会失去飞翔的本领。

野狼在羊群里成长，也会爱上羊而丧失狼性。

人生的奥妙就在于与人相处。和聪明的人在一起，你才会更加睿智。和优秀的人在一起，你才会出类拔萃。

所以，你是谁并不重要，重要的是，你和谁在一起。

树一个敌，等于立一堵墙。
目中无人，让你一败涂地。

蜘蛛能坐享其成，靠的就是曾经努力铺成的那张关系网。

〖 知　人 〗

得人才者得天下。

钱财不但可以改变人的个性，还可以让人露出本性。

从一个人烦恼的事情，就可知晓其心胸及未来成就的大小。换言之，小事不必花时间烦恼，大事光烦恼也无益，只要想办法在最短时间把事情解决，一切就雨过天晴。

胆识不只是大胆，也不是有勇无谋。
胆识必须建立在知识和见识之上。
一个无知的人，一个连常识都不懂的人，一个毫无个人见识的人，他即便再勇敢，能得到一些人暂时的喝彩，但终究经不起时间的考验，甚至会伤痕累累，失魂落魄。

听人说话只信一半是精明，知道哪一半可信才是聪明。

三 做人篇

想了解一个人的个性，就赋予他权力。

有四种尺度可以测量人，那便是金钱、酒、美色以及对时间的态度。这四种尺度的共同之处是它们都有吸引人的地方，但是不可以沉迷其中。

怀才和怀孕是一样的，只要有了，早晚会被看出来。
有人怀才不遇，是因为怀得不够大。

日久不一定生情，但必定见人心，时间会说出真话。

人，最不能忘记的，是在你困难时拉你一把的人；最不能结交的，是在你失败时藐视你的人；最不能相信的，是在你成功时吹捧你的人；最不能抛弃的，是和你同创业共患难的人；最不能爱的，是不看重你人格的人。

作为一个好的领导，可以不知道下属的短处，却不能不知道下属的长处。

真正的领导人，不一定自己能力有多强，只要懂信任，懂放权，懂珍惜，就能团结比自己更强的力量，从而提升自己的身价。相反，许多能力非常强的人却因为过于完美主义，事必躬亲，认为什么人都不如自己，最后只能做最好的公关人员、销售代表，却成不了优秀的领导人。

每个地方都有小人，通常，小人做人处事不太厚道，常以不良手段达成目的。与小人相处，稍不谨慎，会吃大亏；学会分辨小人，非常重要。

（二）心里有自己

认识自我，建立自我

认识自我很难，要以事为镜，三省吾身，时时勤拂拭；建立自我，重点是要建立自己的人生观、价值观和世界观，建立正知、正见和正信。

三　做人篇

37. 拼　图

超凡心法 | 改变命运的 55 幅人生哲理画

人人都可以成为自己生命的建筑师。

（画）

年少丧父，承担起家庭的重负，走过弯路，拼成自己想要的模样。

（悟）

搬砖砌墙，是盖房子还是建教堂，完全取决于你自己。

三　做人篇

38. 垃　圾

就算生活给你的是垃圾,你也要有把垃圾踩在脚下登上世界之巅的能力。

画

踩着垃圾登上世界之巅,笑看脚底登天梯和乘飞机的,是一种什么样的感觉?

悟

这个世界只在乎你是否到达了一定的高度,没人在意你是以怎样的方式上去的——踩在巨人的肩膀,还是踩着垃圾,只要你上得去。

三　做人篇

39. 起　点

| 超凡心法 | 改变命运的 55 幅人生哲理画

虽然没有人可以回到过去重新开始,但每个人都能从现在开始去创造一个新的结局。

◯ 画

年过七旬、身陷囹圄,心系果园、期待人生再出发。种一棵果树,最好的时间是十年前,还有就是现在。

◯ 悟

人生道路上的每一个里程碑,都刻着两个字——起点。

三 做人篇

40. 监 狱

超凡心法 | 改变命运的55幅人生哲理画

在困厄颠沛的时候能坚定不移，这就是一个真正令人钦佩的人的不凡之处。

画

虽身处囚室，但心怀天下：不分黑白，世界大同。

悟

生命中最伟大的光辉不在于永不坠落，而是坠落后总能再度升起。你若光明，这世界就不会黑暗；你若心怀希望，这世界就不会彻底绝望；你如不屈服，这世界又能把你怎样。

三 做人篇

41. 位　置

超凡心法 | 改变命运的55幅人生哲理画

人们向你跪拜，是因为你所占的位置，不是因为你。

画

陶醉于佛顶的美妙，又岂知大难就要来临。

悟

身居高位更要保持一颗平常心，高者易倾！贪官们应该看看这幅画。

三 做人篇

42. 环　境

超凡心法 | 改变命运的 55 幅人生哲理画

你无力改变大环境，那就改变小环境吧。

（画）

炎热的太阳和尖锐的石头，都是难以改变的，与其抱怨，还不如穿一双鞋，撑一把伞。

（悟）

从自己身上找原因吧。当你不能改变世界时，可以试着改变世界观。

三 做人篇

43. 锁 链

太执着于某个人，某件事，你就受制于那个人，那件事。

画

向看不清面目的女郎跪送鲜花和黄金，殊不知已身陷牢狱。

悟

"贪、嗔、痴"三毒就是那根锁链，唯有"戒、定、慧"三学可以降伏它。

三　做人篇

44. 街　景

超凡心法 | 改变命运的 55 幅人生哲理画

很多时候，我们往往不知道，自己在欣赏别人的时候，自己也成了别人眼中的风景。

（画）

走路的羡慕开车的，腿疼的羡慕走路的，截肢的羡慕有脚的。

（悟）

很多时候，人们对自己的幸福熟视无睹，而觉得别人的幸福光彩夺目。其实，你之所有，正是别人所羡！不要去羡慕别人的表面风光，其实每个人都有自己内心的苦。

三 做人篇

45. 包　袱

超凡心法 | 改变命运的 55 幅人生哲理画

学会放下，放下，是一种生活的智慧；放下，是一门心灵的学问。

（画）

贪金而亡、背物难行、执杯烫手、缚石伏地，都是不愿放下导致的。

（悟）

放下不同于放弃。放下是通达，放弃是无奈；放下是降伏其心，放弃是被心降伏。放下是主动地放弃。

三 做人篇

〖自 信〗

不是某人使我烦恼,而是我拿某人的言行来烦恼自己。世上的事,不如己意者,那是当然的。

火车刚出现时,许多人断言它不如马车管用。

飞机刚出现时,许多人坚信它不过是一个毫无用处的大号风筝。

这些故事告诉我们,如果你心里有一个美丽的梦,就别太在乎外界的看法。

一只站在树上的鸟儿,从来不会害怕树枝断裂,因为它相信的不是树枝,而是它自己的翅膀。

人不能败给自己想象出来的恐惧,也不能害怕你不知道的东西。

抓住所有的已知,才能走向以后的未知。

自信一点,别小看了自己的力量。

每个人都有觉得自己不够好,羡慕别人闪闪发光的时候,但其实大多人都是普通的。

不要沮丧,不必惊慌,做努力爬的蜗牛或坚持飞的笨鸟,在最平凡的生活里,谦卑和努力。

总有一天,你会站在最亮的地方,活成自己曾经渴望的模样。

曹操再奸都有知心友,刘备再好都有对头!

不要太在乎别人对你的评价,做好自己的人,干好自己的事,走好自己的路。

不要活在别人的嘴里,不要活在别人的眼里,而是把命运握在自己手里。

【反抗的精神】

有些利益，必须争取才能获得，比如受到不公对待，受到欺负的时候，你要表达出你的不满，你要争取属于你的利益。反抗反抗，争取争取，你会至少得到三个收获：一是实实在在的权益；二是怒火释放以后内心的宁静；三是用行动证明了你不是个窝囊的人，你的自信得到了增强。

不要在意别人在背后怎么看你说你，因为这些言语改变不了事实，却可能搅乱你的心。

心如果乱了，一切就都乱了。

理解你的人，不需要解释；不理解你的人，不配你解释。

如果你被人恶意攻击，请记住，他们之所以这样做，是为了获得一种自以为重要的感觉，而这通常意味着你已经有所成就，并值得别人注意。

许多人，在骂那些各方面比他们优秀得多的人的时候，都会获得某种满足感。

请将别人不公正的批评当成是对你的另一种认可。

没有人会去踢一条死狗。

人生中总有失误、失足、失败的时候，哪怕一败涂地，哪怕不堪回首，我们都不要弃置一种叫作自信的东西，它可以激励你重振旗鼓，重新上路，重塑自我。

别人笑你不懂事，你笑他人看不穿。

找到自己想要的，何惧他人闲言碎语。关键在于你自己是否意志坚定。

最终你相信什么就能成为什么。

因为世界上最可怕的两个词,一个叫执着,一个叫认真。

认真的人改变自己,执着的人改变命运。

〔自　强〕

【缺陷】

也许你个子矮,也许你长得不好看,也许你的嗓音像唐老鸭……那么你的优势就是你不会被自己表面的浅薄的亮点所耽搁,少花一些时间,少走一些弯路,直接发现你内在的优势,直接挖掘自己深层的潜能。

不会游泳,换游泳池没有用;不懂爱情,换男女朋友也不行。

不懂经营家庭,换爱人仍难以幸福;不懂管理,换员工和客户于事无补。

不懂积累,换公司、换老板、换老师改变不了命运。

自己是一切问题的根源,要想改变一切,首先要改变自己!

别逢人就低头,别逢人就诉苦,旁人终归是旁人,没几个人真把你的伤当自己的痛处。

当你觉得处处不如人时,不要自卑,记得你只是平凡人。

当你看到别人在笑时,不要以为世界上只有你一个人在伤心,其实别人只是比你会掩饰。

当你很无助时,你可以哭,但哭过后必须要振作起来,

即使输掉了一切,也不要输掉微笑。

超凡心法 | 改变命运的55幅人生哲理画

【全力打烂牌】

美国总统艾森豪威尔年轻时，有次和家人玩牌，连续几次都拿到很糟糕的牌，情绪很差，态度也恶劣起来。母亲见状，说了段令他刻骨铭心的话："你必须用你手中的牌玩下去，这就好比人生，发牌的是上帝，不管是怎样的牌，你都必须拿着，你要做的就是尽你的全力，求得最好的结果。"

接受现实是克服任何不幸的第一步；唯有面对现实，你才能超越现实。

不要抱怨你没有一个好爸爸，不要抱怨你的工作差，不要抱怨没人赏识你。

与其羡慕别人，不如做好自己。盲目攀比，不会带来快乐，只会带来烦恼；不会带来幸福，只会带来痛苦。

每个人都应当认清目前的自己，找到属于自己的位置，走自己的道路。

努力了，珍惜了，问心无愧。其他的，交给命运。

虽然没有人可以回到过去重新开始，但每个人都能从现在开始去创造一个新的结局。

绝大多数人，在绝大多数时候，都只能靠自己。

没什么背景，没遇到什么贵人，也没读什么好学校，这些都不碍事。

关键是，你决心要走哪条路，想成为什么样的人，准备怎样对自己的懒惰下手。向前走，相信梦想并坚持。

只有这样，你才有机会自我证明，找到你想要的尊敬。

做人如水，这才是高境界。

三 做人篇

无论何时何地，总是改变自己的形态不断寻找出路；不拒绝任何加入的沙石和物体，反而是夹裹前行，壮大自己的力量，勇往直前；任何时候遇到阻挡，总是慢慢蓄积力量，最后加以冲破；历经千里万里、千难万险，始终不改变自己。

做人要不怕跌到，方能屹立不倒。

总有技不如人的时候，总有不甘人后的时候，总有寄人篱下的时候，不要自惭，亦不必自卑，我们皆是凡人，夹杂在人流中，过的是平凡的生活。

当被别人忽略、笑话、非议、陷害的时候，要学会把握自己的节奏，只要内心不乱，外界就很难改变你什么。不要艳羡他人，谁都有苦痛；不要输掉自己，振作比一切都强。

做人要学会争气，而不要生气！别人怎么对我们不重要，重要的是我们怎么对待自己。虽然一路上我们总会碰到许多人看轻你、不屑你，但请记得不要太过在意，因为这些人看见你生气会很高兴的。

他们就是想看见你为他们生气、心烦，千万别中他们的诡计，你表现得越不在乎，甚至表现让他出乎意料，我想那就是对他最好的报复。

因为他们就是不想看见你过得比他们好，所以，努力让自己过得比过去更好，就是给那些瞧不起你的人一记当头棒喝。

【锅底法则】

人生就像一口大锅，当你走到了锅底时，无论朝哪个方向走，都是向上的。

最困难的时刻也许就是拐点的开始，改变一下思维方式就可能迎来转机。

【老鹰效应】

老鹰喂食不是依据公平的原则，而是喂抢得凶那一只小鹰。

瘦弱的小鹰吃不到食物会饿死，不惧一切困难与挑战的小鹰会存活下来。

人们将这种适者生存的现象称为"老鹰效应"。

现实生活中，人们都会遇到大大小小的困难，而我们要把每一次困难，当成磨炼我们成长的最好机会。

没有不景气，只有不争气，适者生存，不适者淘汰。

一个人如果具备主动出击的特质，那么，环境越不景气，越能显示他的重要性及价值，越能在挑战越严苛的环境中脱颖而出。

别人都是靠不住的，靠得住的，唯有你自己。

〖自　尊〗

挤不进的世界，不要硬挤，难为了别人，作践了自己。

做人不能不要脸，但千万不要太要脸。

多少玻璃心的天才死在了被人吐了两句槽就跳脚的路上。

真正的内心强大，就是活在自己的世界里，而不是活在别人的眼中和嘴上。

三　做人篇

人生在世，无非是笑笑别人，然后再让别人笑笑自己。

社会上处久了，才发现自尊心分明就是面皮薄、意志弱，受不起挫折，经不起摔打的代名词。

自尊心是颗种子，捧在手上只能枯死，非得踩进泥土，从磨难中汲取养料，成长，成熟。

在没有足够的实力前，请勿过分强调你的自尊心。

只要你脚还在地面上，就别把自己看得太轻。

只要你还活在地球上，就别把自己看得太大。

〔自　知〕

我们都老得太快，却聪明得太迟。

人不要去比较，跟人家一比较，就会产生妒忌。

机遇总是有的，如果把握不住，不要怨天尤人，只因自己不够优秀。

山有山的高度，水有水的深度，没必要攀比，每个人都有自己的长处。风有风的自由，云有云的温柔，没必要模仿，每个人都有自己的个性。

做得越对，背后说的人越多。过得越好，背后讥讽的人越多。

变得越强，背后打击的人越多。生得越美，背后嘲笑的人越多。

但又有什么关系呢？只要每天能幸福下去，足矣。

发生在背后的事情，就算都清楚地"知道"，也要清楚地"听不到"！

为人，要懂得自我检讨与自知之明，要有勇气承认所犯之错误，要有勇气去改变，要有胸怀去欣赏他人优点。

如果瞒天过海在自我的极端执念与无法面对里，一生一世将会在人格上扭曲，放下不是舍弃，是祝福它所去的那里。

如果你是狮子，别人骂你是狗，你不会真的变成狗，故不用为此而生嗔；如果你是狗，别人赞叹你是狮子，你也不会真的变成狮子，故不必为此而生喜。

所以，别人的赞叹，不会让你变好；别人的指责，也不会让你变坏，这些没什么可执着的。

世上没有永远不被诋谤的人，也没有永远被赞叹的人。

当你话多的时候，别人要批评你；当你话少的时候，别人也要批评你；当你沉默的时候，别人还是要批评你。

在这个世界上，没有一个人不被批评的。

不要因为别人的怀疑，而给自己烦恼；也不要因为别人的无知，而痛苦了你自己。

不要因为痛苦而放弃你的选择。

不高估你现在能做到的，也不低估你将来能做到的。

不要认为自己是最聪明的，这个世界上的事情都知道。良好的个人感受也常常误导着人生。

西方有一句谚语：无论你转身多少次，你的屁股还是在你后面。是什么意思呢？

就是无论你怎么做，都会有人说你不对。若能明白这一点，听到

三 做人篇

跟自己相反的声音，不要让沮丧、恼怒左右你的心情，而应觉得这很正常。

一个人想平庸，阻拦者很少；一个人想出众，阻拦者很多。不少平庸者与周围人关系融洽，不少出众者与周围人关系紧张。

一只漂泊的老鼠在佛塔顶上安了家，每当善男信女烧香叩头的时候，老鼠心中就讥笑人类。

老鼠被猫逮住，老鼠说："你不能吃我，你应向我跪拜，我代表着佛！"

猫讥讽道："人们向你跪拜，是因为你所占的位置，不是因为你。"

启示：人生最可怕的是自欺欺人，最可悲的是狐假虎威。

〖自 制〗

当有负面情绪的时候，不要说。管好自己的嘴，有时候做哑巴，是一种境界。

你不可以因为不相信，因为一时气愤，就随便地先把坏话说出来，我一点也不想要你的对不起。

很多事情就像足球比赛，裁判判错了赛后可以惩罚裁判，但结果是不能更改的。

新闻永远是加粗黑体字的大标题，道歉却总是广告夹缝中的一小块。

任何时候，一个人都不应该做自己情绪的奴隶，不应该使一切行动都受制于自己的情绪,而应该反过来控制情绪。

不要因为一时的情绪,就急着对生命下判断。

有些人,今天和明天的人生观会差很多。

如果因为一时的情绪掉进谷底就伤人或毁己,明天的自己必然后悔莫及。

人的优雅关键在于控制自己的情绪,用嘴伤害人,是最愚蠢的一种行为。我们的不自由,通常是因为来自内心的不良情绪左右了我们。

语言如双面刃,你伤了别人,也有一天会伤到自己。不知道要说什么的时候,不妨闭上嘴。

〖自 主〗

做什么事,说什么话,都太在乎别人的感受,等于为别人活着。你照顾不了所有人的感受,你只会让自己不好受。

何必向不值得的人证明什么,生活得更好,是为了自己。

其实,人生最值得欣慰的事莫过于父母健全、知己两三、盗不走的爱人,其他都是假象,别太在乎。

在社会这个大染缸里,我们不说不染颜色,但求染得颜色能恰到好处。

就像一幅画,各种各样的色彩汇成令人赏心悦目的画,而不是各种各样的色彩糅杂成一团。

做人和做事一样,都要有自己的特色,坚持做你自己,成功就是

三 做人篇

最好的说明！

按别人的指引，盲目地前进，可能就会一步踏空，摔得惨痛。

一个软弱的人，最大的弱点就是耳根子软，很容易同意别人的看法或做法。即使自己也有想法，最后还是跟随他人。因为跟群众比较安全，有那么多人都这么做，你觉得自己不孤单，觉得自己不可能迷失。然而，就因为这种想法，才让你一再迷失。

切记别人的意见是提供参考，而不是取代你的思考。

你不能决定暴风雨何时来临，但你能决定出门带把雨伞。

你不能决定股市何时崩盘，但你能决定事先设停损点。

你不能决定所有人如何看你，但你能决定自己的言行举止。

只要内心不乱，外界就很难改变你什么。

不要羡慕他人，不要输掉自己。

如果你太在意别人的想法，那么你的生活就像一条内裤，别人放什么屁你都得接着。

别人想什么，我们控制不了；别人做什么，我们也强求不了。

唯一可以做的，就是尽心尽力做好自己的事，走自己的路，按自己的原则，好好生活。

即使有人亏待了你，时间也不会亏待你，人生更加不会亏待你！

生活有时是令人沮丧的，我们总是在意别人的言论，不敢做自己喜欢的事情，追求自己想爱的人，害怕淹没在飞短流长之中。其实没有人真的在乎你在想什么，不要过高估量自己在他人心目中的地位。

被别人议论甚至误解都没什么，谁人不被别人说，谁人背后不说人，你生活在别人的眼神里，就迷失在自己的心路上。

人生是自己的，没必要把选择权交到别人手上，也没必要被别人的言论所左右。

因为无论你怎样做，别人也不会百分百满意。

〖 自　省 〗

现在的你，是过去的你所造的；未来的你，是现在的你所造的。

每个人一开始都是差不多的，后来变得不同，都是因为习惯。

大多数人一辈子只做了三件事：自欺、欺人、被人欺。

我们越是焦躁地寻找，越找不到自己想要的，只有平静下来，才能听到内心的声音。

好的时候不要看得太好，坏的时候不要看得太坏。最重要的是要有远见，杀鸡取卵的方式是短视的行为。

乌鸦站在树上，整天无所事事，兔子看见乌鸦，就问："我能像你一样，整天什么事都不用干吗？"

乌鸦说："当然可以。"于是，兔子在树下的空地上开始休息。

忽然，一只狐狸出现，跳起来抓住兔子，把它吞了下去。

启示：如果你想站着什么事都不做，那你必须站得很高。

三 做人篇

后悔是比损失更大的损失,比错误更大的错误。

生活中不缺美,缺的是发现美的眼睛。有句话说得很精辟:山坡上开满了鲜花,但在牛羊的眼中,那只是饲料。

三人出门,一人带伞,一人带拐杖,一人空手。

回来时,拿伞的湿透了,拿拐杖的跌伤了,第三个好好的。

原来雨来时,有伞的大胆走,却被淋湿了;走泥路时,拄拐杖的大胆走,却常跌倒。

什么都没有的,雨来时躲着走,路不好时小心走,反倒无事。

很多时候,人不是跌倒在缺点上,而是跌倒在优势上。

弟子想爬过一面墙,每次爬到中途都摔下来了,没有爬过墙。

他回到少林寺中,师父安慰他。弟子说:"我不是为自己没爬过墙难过。"

"那是为何?"师父问。

"我最后一次摔下时,我看见又瘦又小的弟兄爬过了那面墙。"

师父感叹:"我们中间总有那么一些门徒,他们内心痛苦,并非缘于自己的失败,而是因为别人的成功啊!"

人类,为了赚钱,他牺牲健康。

为了修复身体,他牺牲钱财。

然后,因担心未来,他无法享受现在。

就这样,他无法活在当下。

活着时,他忘了生命是短暂的。

死时,他才发现他未曾好好地活着。

超凡心法 | 改变命运的 55 幅人生哲理画

神对一只猴子说:"可怜的猴子,你在猴王争霸中被打败,我要将你点化成人。"猴子很感激。

神问:"成为人后你第一件事想干什么?"

猴子说:"一枪打死现在的猴王,夺回王位,所有母猴都归我。"

思维决定了人生,有些人你可以给他更高级的身体,却给不了他更高级的思想。

你觉得幸福是什么?

一个无所事事的穷人说:有钱就是幸福。

一个匆匆忙忙的富人说:有闲就是幸福。

一个满头大汗的农民说:丰收就是幸福。

一个漂泊他乡的游子说:回家就是幸福。

一个失去双脚的残者说:能走路就是幸福。

学习知识容易,转化成为能力很难。

提出问题容易,圆满回答问题很难。

批评别人容易,身临其境去做很难。

指责同事容易,正确评价自己很难。

展示成果容易,勇于承担责任很难。

把酒言欢容易,真正成为知己很难。

当我们梦想更大成功的时候,我们有没有更刻苦的准备?当我们梦想成为领袖的时候,我们有没有服务于人的谦恭?我们常常只希望改变别人,我们知道什么时候改变自己吗?当我们每天都在批评别人的时候,我们知道该怎样自我反省吗?

思索是上天恩赐给人类捍卫命运的盾牌。很多人总是把不当的自

三　做人篇

我管理与交厄运混为一谈，这是很消极且无奈的，在某一程度上是不负责任的人生态度。

[自　足]

贪婪是一个无底洞，让人在无尽的满足自己中筋疲力尽，却又永远得不到满足。

当你羡慕别人坐在豪车里，而失意于自己在地上行走时，也许躺在病床上的人，正羡慕你还可以自由行走……

很多时候，我们往往不知道，自己在欣赏别人的时候，自己也成了别人眼中的风景。

得不到的东西，我们会一直以为它是美好的，那是因为你对它了解太少，没有时间与它相处在一起。当有一天，你深入了解后，你会发现远不是你想象中的那么美好。

如果你没有办法改变，就不要抱怨你所处的坏境。

记住：再好的公司里也有不快乐的员工，再差的公司也有快乐的时光。

一般人常犯的错误是：老拿自己跟别人比较，所看到的往往是别人有而自己没有的东西，这对你只会造成压力，甚至会觉得很泄气。

正确的做法是看看自己所拥有的特质，照自己的特质去发展，去成长。

两只老虎，一只生活在笼子里，一只生活在野外。

179

超凡心法 | 改变命运的55幅人生哲理画

笼子里的老虎羡慕野外老虎的自由，野外的老虎羡慕笼子里的老虎安逸。

它们决定交换身份，起初十分快乐。但不久，两只老虎都死了。一只饥饿而死，一只忧郁而死。

很多时候，人们对自己的幸福熟视无睹，而觉得别人的幸福光彩夺目。其实，你之所有，正是别人所羡！

不要去羡慕别人的表面风光，其实每个人都有自己内心的苦。

某人总是穿着一双不合脚的大鞋子，走路很累，朋友问她为什么，她说："大小鞋都是一样的价钱，我当然买大的。"

其实在生活中我们经常见到这样的人，不断追求大，他们被内心的欲望推动着，结果把自己弄得很累。

其实，不管做什么工作，适合最重要。

有时你羡慕某人身居高位，显赫风光无比，真后悔当时怎么不留机关好好努力；有时你羡慕某人经商不久，就积累财富无数，真后悔怎么没有下海经商；有时你羡慕某人工作舒适，悠闲自得，轻松自在，真后悔自己还置身于繁杂的环境之中……

你越是这样思想，越会活得没有人样。

〖自 修〗

使人疲惫的不是远方的高山，而是鞋里的一粒沙子。

世界上最浪费时间的事就是给年轻人讲经验，讲一万句不如你自

三 做人篇

已摔一跤，眼泪教你做人，后悔帮你成长，疼痛才是最好的老师。人生该走的弯路，其实一米都少不了。

凡遇事，知道的不要全说，看到的不要全信，听到的就地消化。
久而久之，气场自成。

一个人成熟与否，不在于是否能出口成章，说出许多深刻的道理，或者是思想境界达到很高的水平。
而在于待人接物让人舒适，并且不卑不亢，保留自我的棱角又有接纳他人的圆润。
成熟的人不需要辩解，仅一个微笑就足够了。

两只狼来到草原，一只狼很失落，因为它看不见肉，这是视力。
另一只狼很兴奋，因为它知道有草就会有羊，这是视野。
视野能超越现状，使人能看到人生目标。
人生，是一个不断修炼的过程！
眼睛只能看到当下，眼光才能看到未来。

不管在任何环境之下，都不要忘记你最初的样子，要学会忍耐，学会收敛。
是金子总会发光，黄沙掩不住珍珠的亮。
等到有一天，你回过头来看的时候，你会发现你留下的不是只有痛苦和快乐，还有很多其他的东西。

【戒急躁】

某公司举行了一次笔试招聘员工，开考前提醒他们必须要看完整份卷子再做，而且做完才及格。

超凡心法 | 改变命运的55幅人生哲理画

可是这份卷子要在30分钟内做100题，时间根本不够，于是人们拿到了就做，并没有留意提醒，最后也没做完。

结果只有一位及格，其他人好奇地问他是如何完成的。

他说："卷子最后一题旁边写着'你只需要做这题'。"

我们生活的周遭被林林总总、形形色色的诱惑所围绕：美食佳肴，名位，金钱，名牌，毒品，美色，网络。有人被诱惑冲昏了头，陷入泥沼难以自拔；有人却不愿向诱惑屈服。原因除了有坚定的意志力、过人的定力与决心外，最重要的是，你愿不愿意忍一下获得更大的利益；你是否能在跳之前，往下想一点。

有句话说得好：近视不必惊慌，该慌的是短视；远视不必烦恼，该烦恼的是没有远见。

随缘不是得过且过，而是尽人事。存平常心，行方便事，则天下无事；怀慈悲心，做慈悲事，则心中太平。

要生活得精彩，需要付出极大忍耐，一不抱怨，二不解释！

乞丐不一定会妒忌百万富翁，但可能会妒忌收入更高的乞丐。

没有更高的视野，你会纠结于现在的圈子；有了更高的视野，你会把身边的人与事看淡。

放下虽然很难，但必须放下，唯有放下才能六根清净，唯有放下眼见明亮，唯有放下才能得到。

学会放下，放下，是一种生活的智慧；放下，是一门心灵的学问。人生在世，有些事情是不必在乎的，有些东西是必须清空的。该放下时就放下，你才能够腾出手来，抓住真正属于你的东西。

三 做人篇

一个苦者对和尚说:"我放不下一些事,放不下一些人。"

和尚说:"没有什么东西是放不下的。"

苦者说:"可我就偏偏放不下。"

和尚让他拿着一个茶杯,然后就往里面倒热水,一直倒到水溢出来,苦者被烫到马上松开了手。

和尚说:"这个世界上没有什么事是放不下的,痛得狠了,你自然就会放下。"

邪来烦恼至,正来烦恼除。

先懂得放下一切,则一切不住,才懂得面对。

欺骗我的人,增长了我的见识。

绊倒我的人,强化了我的能力。

中伤我的人,砥砺了我的人格。

藐视我的人,唤醒了我的自尊。

人见多了,才知道阅历的可贵。

事做多了,才知道知识的可贵。

矛盾多了,才知道胸怀的可贵。

纠结多了,才知道修炼的可贵。

【一个人成熟的过程】

成熟的过程就是要平衡勇气和度量。要有很好的耐心、度量才能够悉听、理解别人;要有很大的勇气、信任才能对人倾诉。

【客观的、精准的判断力】

要能客观地判断，有胸怀接受事实，分析"改变失败"所要付出的代价，以及"可改变的可能或概率"。其实在大多数情况下，"可不可改变"不是黑或白的，而是带有灰色的。

人与人之间的交往，无论你怎么小心呵护，都存在伤害和被伤害。人心本善，我们却时常在无意中伤害他人；坚信世界的美好，却不经意被世界伤害。看开点，没有伤害，怎么体悟被伤的痛，怎会感悟曾经的美好，怎能珍惜当下的拥有？在伤害中，我们学会了担当、勇敢、坚强和妥协，这是伤害意外的赐予和回报。

四 做事篇

（一）做事精神

人以事显，借事炼心

人以事显，要敢于做事、乐于做事，离开事不可能成人、成贤、成圣。借事炼心，就是要不畏难事、不烦杂事、不耻小事，在做事中修炼心性，提升境界。

四　做事篇

46. 禅　者

今天做别人不愿做的事，明天才能做别人做不到的事。

（画）

担水砍柴，舂米做饭，把这些小事做到极致，为做大事打好基础。

（悟）

放在越不起眼的地方，越要主动发光。做好小事，不仅是态度，更要用心悟小事中蕴藏的"道"，这个"道"和大事中的"道"并无二致。

四　做事篇

做得越多，机会越多。

趁年轻多做点事，这些都将成为你将来的财富。

一件事情的对与错，不看表象，而看发心。

任何事情都应该去尝试一下，因为你无法知道，什么样的事或者什么样的人将会改变你的一生。

要做的事情总找得出时间和机会。

不愿意做的事情也总能找得出借口。

有人问农夫是否种了麦子。他说："没，我担心天不下雨。"那人又问："那你种了棉花吗？"他说："没，我担心虫子吃了棉花。"那人又问："那你种了什么？"他说："什么也没种，我要确保安全。"

一个不冒风险的人，一个不愿承担的人，一个不愿付出的人，一事无成对他来说是再自然不过的事！

做事，不止是人家要我做才做，而是人家没要我做也争着去做。这样，才做得有趣味，也就会有收获。

20年后，让你觉得更失望的不是你做过的事情，而是你没有做过的事情。

只要开始，永远不晚；只要进步，总有空间。

只要说服自己做得到，不论多么艰巨的任务，你必能完成。如果想象自己做不到，就是最简单的事，对你也是座无力攀登的峻峰。

态度决定一切，同样的事，态度不同，结果也就不同。

所以，要想把事情做好，必须先把态度端正好！

能干的人，不在情绪上计较，只在做事上认真。

无能的人，不在做事上认真，只在情绪上计较。

有两种人永远无法超越别人：一种人只做别人交代的工作，另一种人是从不做好别人交代的事。

进步就是把不会做的事儿会做了，把偶然会做的事儿总结出规律会重复做了。所以，遇到不会做的事儿不要躲着走，这正是进步的"龙门"，跨过去了就进步了。

推掉挑战也就推掉了证明自己能力的机会。

没打过硬仗的将军含金量是不高的！

没有机会做大事的人，是因为没有通过做小事来证明自己的实力。

放在越不起眼的地方，越要主动发光。

在别人不敢委以重任以前，把小事做到极致，来证明你的实力。

本来事业并无大小：大事小做，大事变成小事；小事大做，则小事变成大事。

做你没做过的事情叫成长，做你不愿意做的事情叫改变，做你不敢做的事情叫突破。

（二）做事方法

谋事在人，事在人为

要做成事，最重要的是要用心做事，就是对要做的事情，全身心地投入，把事情当事业做。

超凡心法 | 改变命运的55幅人生哲理画

四 做事篇

47. 行　动

| 超凡心法 | 改变命运的 55 幅人生哲理画 |

世上有三种人：行动者让事情发生，旁观者看事情发生，冷漠者不知道事情发生。

画

敢于付出行动的搬木人，才能获得意想不到的五十金。

悟

一个人将注意力放在行动上，他所吸引而来的是"机会不断"；如果将注意力放在恐惧忧虑上，他所吸引而来的是"问题重重"。

四　做事篇

48. 简　单

超凡心法 | 改变命运的55幅人生哲理画

学会了简单，其实真不简单。

画

松烟辨管，诠释了简单的智慧。

悟

大道至简，因为一阴一阳就是道。越是复杂的问题，答案越简单。是复杂制造了问题，是简单还原了真相。简单是一种能力，是一种修炼，更是一种境界！

四　做事篇

49. 脚　步

| 超凡心法 | 改变命运的 55 幅人生哲理画 |

只踏着别人的脚印走,永远不能发现新的路。

（画）

只知跟随前人脚步的毛毛虫,只能周而复始转圈。

（悟）

领袖和跟风者的区别就在于创新。

四　做事篇

〖行　动〗

最短的距离是从手到嘴，最长的距离是从说到做。

不要在事情开始的时候畏首畏尾，不要在事情进行的时候瞻前顾后，唯有如此，一切才皆有可能。

只要走出第一步，下一步就变得不太难。

想做的事情，就在今天做吧，不要让未来的自己遗憾。

在山脚下看泰山，就没有登上去的勇气了，但是一步一步地努力，那到达山顶就不难了。

许多人面对别人的成功，宁愿承认自己只是一个普通人，他们不明白再伟人的成功都只是做出来的结果。

执行力对人来说是最重要的一项能力。

有多少力量做多少事，不要心存等待，等待不会成功。

一流的人在为明天的事做准备，二流的人在为今天的事赶进度，三流的人在为昨天的事追进度。

〖专　注〗

每做一事，最好只追求一个最在乎的目标，其余都可让步，这样达成目标的机会才高。

比如，做这事，最在乎的是学经验，那就别计较钱；做那事，最要紧的是钱，那就别计较面子。以此类推。

若做一事，又想学经验，又要赚得多，又要有面子，如此美事，有得等了。

在一个聪明人满街乱窜年代，稀缺的恰恰不是聪明，而是一心一意，孤注一掷，一条心，一根筋。

每一天都专注于当天，放下过去并专注于当下时刻。成功的人把他们的精力放在此时此刻他们能够改变的事情上，他们不担忧昨天或明天。

注意力在哪里，结果就在哪里；你关注什么，就会得到什么。

远见使你看到别人看不见的事物，做到别人做不到的事情。

只有确定主要的人生角色，才能清楚地掌握全局。确定了你的人生角色，便确定了你的目标、你该做什么事、该负什么责任，只有知道了这些，你才能掌控你的人生发展全局。

关键时刻不失常，将大大提高你的成功概率。

所以，平时就该为一切准备到 150 分，这样，你的表现才有机会到 100 分。

〖 坚　持 〗

欲速则不达，太过急切，只会物极必反。凡事都有沉淀积累的过程，要稳稳的，一步一个脚印，贵在坚持！简单的事情重复做，重复的事情坚持做，就是这个理！

四　做事篇

在还不知道下一步想做什么时，那就不要想太多。努力把现在的事情做好，踩着自己的脚步，总有一天会知道下一步要如何踏出。

一个凿石的石匠，他在石块的同一位置上已敲过了100次，却丝毫没有什么改变。

但是第101次的时候，石头突然裂成了两块。

并不是这第101下使石块裂开，而是先前敲的那100下。

许多努力不是一下子可以看到成果，需要耐心和坚持。

任何事情到最后都是好事情，如果不是好事，那么一定是还没有到最后。

任何时候做任何事，做最好的计划，尽最大的努力，做最坏的准备。

等待的方法有两种：一种是什么事也不做空等，一种是一边等一边把事业向前推动。

行动带来响应。当你打算放弃梦想时，告诉自己再多撑一天、一个星期、一个月，再多撑一年吧。你会发现，拒绝退场的结果令人惊讶。

弟子问师父："怎样创造奇迹？"

师父答："你现在为我烧饭，一会儿告诉你。"

饭熟后师父说："你开始做饭的时候，是生米，你不断地添柴加火，就将生米煮成了熟饭，这不是一个奇迹吗？"

弟子恍然大悟。

做事，认真做，努力做，坚持做，奇迹自然而生。

做事有三层境界：

第一层是用手做事，就是凭感觉、直觉、感情和情绪做事，没有目标、没有计划，见子打子。

第二层是用脑做事，深谋远虑，大处着眼，小处着手，步步为营，缜密周到。

第三层是用心做事，无论何时何地，都坚持自己的理想和信念，毫不动摇，绝不屈服，知其不可为而为之。

〖化　简〗

大道理是极简单的，简单到一两句话就能说明白。

世间琐事难就难在简单。简单不是敷衍了事，也不是单纯幼稚，而是最高级别的智慧，是成熟睿智的表现。

越是复杂的问题，答案越简单。

是复杂制造了问题，是简单还原了真相。

简单是一种能力，是一种修炼，更是一种境界！

〖创　新〗

做出重大发明创造的年轻人，大多是敢于向千年不变的戒规、定律挑战的人，他们做出了大师们认为不可能的事情来，让世人大吃一惊。

生活从不眷顾因循守旧、满足现状者，从不等待不思进取、坐享其成者。而是将更多机遇留给善于和勇于创新的人们。

四　做事篇

〔善　选〕

试着在对的时间做对的事，它们可能只是小事，但通常它们造成赢与输的差别。

在适当的时候去做事，可节省时间；背道而驰往往会徒劳无功。

在有些人面前，你越想靠近，就会点燃他的傲慢，你就越显得没价值。

在有些事面前，你表现得越迫切，往往适得其反，结果会越糟糕。

抱着自己10公斤重的孩子，你不觉得累，是因为你喜欢；抱着10公斤重的石头，你坚持不了多久。

当一个人不喜欢做某件事，就算他才华横溢，也无法发挥；当一个人喜欢上了某件事，他发挥出来的能力会让你大吃一惊。

所以，一个人没有成绩，不一定是他没有能力，很可能是因为不喜欢。

先算输，再想赢。输不起，那宁可不做。

〔集　成〕

谋之于众。当自己暂时还不是非常确定时，多征求别人的意见，尤其是那些比你有更多经验的人。但是最终的决定权在你。

一个小孩搬石头，父亲在旁边鼓励："孩子，只要你全力以赴，一定搬得起来！"

最终孩子未能搬起石头，他告诉父亲："我已经拼全力了！"

父亲答："你没有拼尽全力，因为我在你旁边，你都没请求我的帮助！"

你全力以赴了吗？回头看看身边的资源是否真的全部为你所用。

很少有事情能彻底分清到底谁对谁错，往往是谁都有错，不同的是错多错少。

当别人给我们指出不足时，首先不是去反驳、去争辩，而是应该先自我检讨，确实错了的，马上改，确实没错的，就当作警示。

好谋而成、分段治事、不疾而速、无为而治，若能看透这四句话的精髓，生命可以如此得好。好谋而成是凡事深思熟虑，谋定而后动。分段治事是洞悉事物的条理，按部就班进行。不疾而速就是没做这事情之前，老早就想到假如碰到这问题时该怎么办。由于已有充足的准备，故能胸有成竹，当机会来临时自能迅速把握，一击即中。无为而治则要有好的制度，好的管理系统来管理。具备这四种因素，成功的蓝图自然展现。

五 学习篇

50. 书 山

阅读像爬山，不怕慢，只怕站。

画

只有勤于阅读，才能解决"我之问"。

悟

书山有路勤为径，学海无涯苦作舟。读书其实是投资回报率最高的一项长期投资，一本书的价值，远远超过了书的价格！

51. 孔　子

超凡心法 | 改变命运的55幅人生哲理画

只要你愿意学习,就不愁找不到老师。学历只代表过去,只有"学习力"才能创造美好的未来。

(画)

韦编三绝、孔子师项橐、问道老子、孔子观水,是我们学习的典范。

(悟)

向经典学习、向群众学习、向高人学习、向自然学习。

〔读　书〕

时间抓起来就是黄金，抓不起来就是流水。对读书来说，尤其是如此。早晨早 10 分钟起床，可以挤这 10 分钟读书；晚上少看一点电视，翻几页书应该可以做到；节假日休息时，推掉一两个应酬，就有了整块时间。有时候，说一个"不"字，就赢得了读一本书的时间。阅读像爬山，不怕慢，只怕站。

读万卷书，不如行万里路。

但如果不读书，行万里路也不过是个邮差。

这世上有三样东西是别人抢不走的：一是吃进胃里的食物，二是藏在心中的梦想，三是读进大脑的书。

人的一生可以干很多蠢事，但最蠢的是两件事：拒绝读书，忽视知识；拒绝运动，忽视健康。

读书越少对环境越不满意；读书越多对自己越不满意。

读书少的人，看问题越主观，越简单，越容易对什么都抱怨。书读多了，眼界开阔了，分析思考问题的能力提高了，特别是能吸取前人的经验和教训，增强自己对复杂问题的判断能力，知道怎样看问题，更知道自己的短处在哪里。

【读书有两种收获】

一是通过读书知道了自己原来不知道而且也没有的东西，这样收获到的东西叫知识。

二是通过读书知道了自己原来已经有但没有意识到的东西，这些东西是自己感悟到的，但好像一直沉睡着，现在被唤醒了，启动了，并且因此获得了生长、开花、结果的机会，称之为智慧。

读书其实是投资回报率最高的一项长期投资，一本书的价值，远远超过了书的价格！

书，是少数可以保证增值的商品。

如果你买了之后不只是放在书架上，而是放进自己脑袋里的话。

知识是一种食物，读书就像吃饭。

把知识吃进去不是关键，关键是吃进去后能否消化和吸收。

〖 学 习 〗

学习与不学习的人，在每天看来没有任何区别；在几个月看来差异也是微乎其微的。

在每年看来的差距虽然明显，但好像也没什么了不起的。

但在每5年来看的时候，那就是财富的巨大分野。

等到了10年再看的时候，也许就是一种人生与另一种人生不可企及的鸿沟。

只要你愿意学习，就不愁找不到老师，比我们优秀的人都是资源，包括竞争对手。

好工作不见得薪水高，却能让你进步，你会在工作中被逼着学，而不断进步，不断往上爬，就算在原单位没机会，出去也会被大家抢。相反，薪水高学不到东西的，不能算好工作。因为它八成没变化，十年后的你跟今天的你没什么差异。它非但不能给你前途，单位自己也可能被淘汰，所以月薪加上学习的价值，才是真正的薪资。

因为整个社会一直在进步，所以个人要学习的事物只会不断增加，绝不会减少。

每一个人都要有天天学习、无疆界学习的能力，日积月累，自己的竞争力才会不断提高。

鸡生蛋，也拉屎，但你肯定只吃蛋，不吃屎，对鸡如此，对人亦然。

每个出色的人，都会生蛋，也会拉屎，例如他很会开公司，那你就买他家的股票来赚钱，至于他乱说话，你就不用学。

你最要紧的是多吃鸡蛋，少理鸡屎，吸取营养，壮大自己。

很多人放着蛋不吃，整天追究屎，难道靠吃屎能壮大？

学习时的苦痛是暂时的，不学习的苦痛是终生的。

不要以为拿到毕业证书，就可以永远不用学习了！

学历只代表过去，只有学习力才能创造美好的未来。

不要拒绝学习，那是在拒绝人生。

学习是最便宜的投资，时间是最昂贵的投资。

我们只要花一两个小时就可以学到别人几乎毕生的经验，避免了大量摸索的时间代价。

因此，大凡成功的人都是虚心好学的人。

教练的等级决定选手的表现。因此，要学就要学世界顶尖，因为有的二三流的老师，有时候反而会教错的观念给你，一个观念的养成

超凡心法 | 改变命运的55幅人生哲理画

要花时间，一个错误观念的修正更要花时间。

学问，有学有问。学习了知识，然后思考它，有哪些不理解，哪些需要提高，从中提取问题，大胆去问，这样，你才能知道自己的不足之处，才能在反省自己中将学到的知识利用起来。

每天进步1%，一年进步365%。每天学习一些新知识，每天进步一点点，日积月累，一年下来就会有很大的进步与收获。所以不要小看那一点点的学习与进步。滴水穿石不是水的力量，是坚持的力量。

学习的快捷方式：一抄二改三研四发。一抄，模仿学习成功人士的经验和方法；二改，将这些方法改进为自己所用；三研，研究出适合自己的模式；四发，在前三步骤基础上发展发扬，更趋完美。

在无奈中，学习宽恕。
在承担中，学习付出。
在执着中，学习让步。
在挫折中，学习坚持。

六 经商篇

52. 危　机

危机就是机会。一名生意人必须保持对时势的敏感与警觉。

（画）

股市和太极，都孕育着阴阳转化的大道理。

（悟）

危与机体现了辩证法的转化之道。发现机会，靠慧眼；掌控危险，靠心力。

六　经商篇

53. 境　界

当生意更上一层楼的时候,绝不可以有贪心,更不能贪得无厌。

（画）

人生其实有七层楼,第一层两手空空,第二层小有所获,第三层大有所获,第四层懂得分享,第五层王座悬剑,第六层求道观心,第七层空空如也。

（悟）

境界的高低,就是"无我"程度的深浅。

六　经商篇

54. 商　道

如何结交朋友？那就要善待他人，充分考虑对方的利益。

画

考虑客户、同行的利益，就是最基础的商道。

悟

善待竞争对手，那是商道；善待全天下人，那就是王道。

六 经商篇

〔生　意〕

做生意一定要同打球一样，若第一杆打得不好，在打第二杆时，更要保持镇定并有计划，这并不是表示这一杆会输。就好比做生意一样，有高有低，身处逆境时，你先要镇定考虑如何应付。

【对人一块一，对物九毛九】

如果一件东西值一块钱，砍到九毛九，东西不会变，得到的还是那东西，要砍；如果一个人的服务值一块钱，砍到九毛九，虽成交了，得到的服务却可能变了，降低了，不能砍，要主动给他一块一，就能得到超值回报。

危机就是机会。一名生意人必须保持对时势的敏感与警觉。

机会可以走过路过经过，可是不要错过！

这个社会，是快鱼吃慢鱼，而不是慢鱼吃快鱼。

任何一个行业，一个市场，都是先来的有肉吃，后来的汤都没得喝。

为了保持竞争优势，不管你过去有多风光，永远不要志得意满，一定要对事物充满好奇心，并拥有永不停止追求新知的强烈欲望。不管几岁，都要永远让脑袋保持成长，和市场接轨。

在动荡的时代，一定要主动求变，主动应招，有问题尽快解决。

在执行的时候，遇到问题要抱着坚定的信心，正面地看待问题。

主动变化往往会好过一成不变，束手无策。

有个人卖别墅，每年打36000个电话，28800个会接，11520个会听他讲，4608 个会有兴趣，1843 个会出来看，737 个会考虑，294 个会有意向，117 个会洽谈，47 个想买，最终成交 18 单，会赚到 2000000 元。

由此，他考虑的问题不是有多少人会接电话，而是一天能打几个电话，因为每打一个电话就赚到 55.55 元。

【商业不败的四大法则】

1. 要想在商业上取得成功，首先要会做人。世界上每个人都精明，要令大家信服并喜欢和你交往，这才是最重要的。
2. 没有被什么人欺骗，因为从来不占别人的便宜。
3. 要做好生意，最重要的不是积累金钱，而是积累人心。
4. 一个人最要紧的是，对自己节省，对别人却要慷慨。

打击敌人最好的方式，就是活着，而且要活得更好！

眼睛仅盯着自己小口袋的小商人，眼光放在世界大市场的是大商人。同样是商人，眼光不同，境界不同，结果也不同。

商场就是战场，当你很弱小的时候，格局帮不了你，但如果你把对手远远甩到后面了，你成了垄断，这时就可以大谈格局了。

老鼠没有机会原谅猫，只有猫才有机会原谅老鼠！在残酷的商战中，能笑到最后的，一定是最灵活，方法最多的人。

商场上，不一定"赢"就是胜利，有时"小输"就是大胜利。

每一次新商机的到来，都会造就一批富翁。

每一批富翁的造就过程就是：当别人不明白的时候，他明白他在做什么；当别人不理解的时候，他理解他在做什么；当别人明白了，他富有了；当别人理解了，他成功了。

【商界著名的"三八理论"】

八小时睡觉，八小时工作，这个人人都一样。

人与人之间的不同，在于另外八小时是怎么度过的。时间是最有情，也最无情的东西，每个人拥有的都一样，非常公平。

白天图生存，晚上求发展，善用资源的人才会成功。

【真正的财富是一种思维方式】

1. 当你再没什么可失去时，就是你开始得到的时候。

2. 学习要加，骄傲要减，机会要乘，懒惰要除。

3. 1%的人是吃小亏而占大便宜，99%的人占小便宜吃大亏，大多数成功都源于那1%。

4. 个人成功的前提是他有能力改变自己。

5. 真正的财富是一种思维方式，而不是月收入的数字。

人心像打翻了所有调味料的大杂烩，里面有善良、嫉妒、贪婪、廉洁、猜忌、信任……

谈判桌上你越掌握对方的心态，人际关系中你越了解对方的思维，胜算越大。

【成功谈判技巧】

首先在个性上必须勇于提出自己的要求，并给自己一个妥协的空间。

谈判者不能有太强的自我，或太强的英雄感。

这种人不会跟对方合作，都会成为谈判的障碍。

不能有"赢者全赢，输者全输"的"洁癖"。

谈判讲的是妥协，不是非黑即白，而是灰色的。

生意，要随着形势的变化而变化。做小生意，在于勤；做大生意，要看政治、观局势。

人要去求生意就比较难，生意跑来找你，你就容易做。如何才能让生意来找你？那就要靠朋友。如何结交朋友？那就要善待他人，充分考虑到对方的利益。

随时留意身边有无生意可做，才会抓住时机，把握升浪起点。着手越快越好。遇到不寻常的事发生时立即想到赚钱，这是生意人应该具备的素质。

[投　资]

要永远相信：当所有人都冲进去的时候赶紧出来，所有人都不玩了再冲进去。

股票交易往往因一念之差而使结局相去千里，如果投资心态不良，势必会对投资决策造成极为不利的影响。

要想财富长久，就要具备足够的定力，拒绝短期利益的诱惑，抱紧核心资产。

要有捡便宜货的独到眼光。对于富豪们来说，捡到便宜货不是在整个社会都认为很便宜时买进。他们认为，一旦某项资产的现价已经低于其潜在价值，这时就是介入的最佳时机了。

【投资要诀】

1. 能躲过灾难，是因为每次都抛得过早。

2. 当人们都为股市欢呼时，你就得果断卖出，别管它还会不会继续涨；当便宜到没人想要的时候，你应该敢于买进，不要管它是否还会再下跌。

3. 谨慎中不忘扩张，讲求的是在稳健与进取中取得平衡。船要行得快，但面对风浪一定要挨得住。

4. 谁要是说自己总能够抄底逃顶，那一定是在撒谎。

5. 别希望自己每次都正确，如果犯了错，越快止损越好。

6. 新高孕育新高，新低孕育新低，扩张中不忘谨慎。

7. 他们不是被市场打败的，是被自己打败的。

8. 作为投资者，肯定有些股票会让人赔得刻骨铭心。

9. 一个人必须理解理性和情感在交替影响市场时的相互作用。

10. 对任何给你内幕消息的人士，无论是理发师、美容师，还是餐厅服务员，都要小心。

〖创　业〗

【创业之牛蛙效应】

把一只牛蛙放在开水锅里，牛蛙会很快跳出来；但当你把它放在冷水里，它不会跳出来，然后慢慢加热，起初牛蛙出于懒惰，不会有什么动作,当水温高到它无法忍受的时候,想出来,已经没有力气了。

悟:注意关注你的财务。不要等到没钱了再想怎么去挣,你会发现那时候挣钱更难!

未来的创业者,最重要的素质有两个:第一是他个人的悟性,没有悟性的话你应该去打工,不一定去创业,一个有悟性的人才能去做一个创业者;第二是他很勤奋,能吃苦。这两个素质少一个都不行,两个加起来就成功了一大半。

必须大胆地创业,小心地守战。不但要重视往桶内装水,还要注意有没有漏水。

【管 理】

点心茶楼老板一开始请个师傅,按照销售额的5%给他抽成。结果师傅就放很多馅料,客人多,他抽成多,老板亏钱。

后来老板给了师傅高固定薪资,师傅就少放馅料,这样客人不来,生意清淡,他也舒服。

如果你是老板,该怎么做才好?

给员工高薪资时,实际成本是最低的。

在人才面前,若你比其他竞争对手给出的薪资高一截。

一年之后你回过头来看,你所获得的利润远远高于你所付出的成本。

如果企业有"不罚不做事,只罚做错事"的文化,容易养成大家"不做不错、小做小错、大做大错"的不敢做事的心理。

六 经商篇

管理是别人要求的，激励是自己要求的。

人性的特点是不喜欢为别人做事，却愿意为自己做事。

如果一个管理者还是用过去几十年的管理方法来管理现代的员工，那只会把员工管跑。

〖金　钱〗

有人在经济舱看见比尔·盖茨，问他为什么不坐头等舱，他答："头等舱比经济舱飞得快吗？"

而同样的富商麦肯锡被问"为什么只坐头等舱"时，他说："在头等舱认识一个客户，就能给我带来一年的收益！"

盖茨的节俭观念应该提倡，麦肯锡的"机会战略"同样值得欣赏，舍得在对的地方花钱才能赚钱。

【存　款】

这倒不一定是因为我们钱少，年轻人都知道钱是有生命的。机会这么多，条件这么好，可以拿钱去按揭，做今天的事，花明天的钱；也可以拿钱去投资，拿钱去"充电"。钱只有在流通的过程中才是钱，否则，就只是一叠世界上质量最好的废纸。

首富的思想：不是做每一样东西都想着能赚多少钱，而是想着怎样才能做到第一。

有钱大家赚，利润大家分享，这样才有人愿意合作。假如拿 10%

的股份是公正的，拿 11% 也可以，但是如果只拿 9% 的股份，就会财源滚滚来。

将目标放在工作上比放在挣钱上要好得多。人类有史以来就开始劳动，钱的历史只有几千年，历史越悠久的东西离本质越近；工作比挣钱更有效，巨富者一般都是以做事为目标的人，只想挣钱的人很难跨出打工者行列；工作可以让我们活得精彩，挣钱最多使我们过得潇洒，即使很有钱，也会面临生命被异化的危险。

钱 = 新的自己 − 原来的自己。也就是说，如果你想拥有更多的财富，你就得改变得更多。新的自己和原来的自己差别越大，差值就越大，你的财富就会越多！

21 世纪，人们必须做的三件事：学习、改变、努力。

赚钱之道很多，但是找不到赚钱的种子，便成不了事业家。

七

职场篇

七　职场篇

55. 挑　战

要让自己与众不同，最好的方式就是挑战自己的极限。

（画）

上刀山、过火海、渡大河、越高山，击敌千里之外，在挑战极限的过程中锻造自己的特点。

（悟）

啃最硬的骨头，挑最重的担子，做别人不敢做的事，迎难而上，越过刀山火海，才能提升职业能力，积累人脉、资历和威望，最重要的是增强自信。

一个人出身低并不可怕，怕的是眼界低。

越计较自我，便越没有发展前景；相反，越是主动付出，那么他就越会快速发展。

与其找寻不存在的有趣工作，不如把眼前的工作变得有趣，还比较快。

如果你视工作为一种快乐，人生就是天堂；如果你视工作为一种义务，人生就是地狱。

【30岁前不要在乎的事】

失业：失业会唤醒你自己都不知道的潜能。

薪水：机会远比金钱重要，事业远比金钱重要，将来远比金钱重要。

年轻人常想做不辛苦的工作，有什么工作不辛苦的呢，就算有，应该也轮不到你。

年轻人在职场上不要太计较，不要老是想着多付出就是被亏待，如果只做自己分内的事，那人家都一样，在职场上不会有"能见度"。

要让自己与众不同，最好的方式就是挑战自我的极限，不断肯定自己的价值，并享受"进化"后的愉悦。

没有经过挑战的职业生涯，只会让青春白白流逝，并让自己平庸化。

【工作观念】

儿子问老爸："《西游记》中的孙悟空大闹天宫都没事，为何在西天取经的路上老让观音来帮忙降妖？"

老爸说："孩子，等你工作了就明白了。大闹天宫时，孙悟空碰到的都是给玉帝打工的,他们出力但不玩命;西天取经时,孙悟空碰到的都是自己出来创业的。"

如果你不喜欢现在的工作,要么辞职不干,要么就闭嘴不言。

不要养成挑三拣四的习惯。不要雨天烦打伞,不带伞又怕淋雨,处处表现出不满的情绪。

【要想晋升必须有接班人】

有一个老师傅水平非常高,干了几十年从来没有得到提拔。

有一天,这个师傅气冲冲地找到总经理说:"我的技术是厂里最好的,为什么每次都不提拔我?"

总经理说:"你就像桌子上的钉子,非常重要,没有人能取代你。"

你想过没有,几十年你从来没有培养过一个可以取代你的人。

不要永远被动,应学会主动承担更多工作。

遇到难题,请上司提建议后,仍由自己去解决。

但也要明白,上司自有他的工作范围,切勿大事小事都去请示,显得自己无能,最好累积数项事情一并与他讨论。

【25年的经验】

一个男人在公司干了25年,他每天用同样的方法做着同样的工作,每个月都领着同样的薪水。一天,愤愤不平的男人决定要求老板给他加薪晋升。他对老板说:"毕竟,我已经有了25年的经验。""亲爱的员工,"老板叹气说,"你没有25年的经验,你是一个经验用了25年。"

个人心态决定了成长的速度。如果抱着领多少薪水,就做多少事的心态,就丧失了锻炼成长的大好机会。

有两位朋友,都在大企业工作。

其中一个工作时甚至忙到连续两天睡在公司,他说:"也没人要求我做多好,只是觉得工作是做给自己的,而不是给老板的,所以自己想做出点事情而已。"

另一个朋友说:"我不希望在上班时间之外有任何工作,我领薪水做完工作就行了。"

没有对错,人生不同而已,不同的思想,不同的收获。

【薪　水】

要想拿三万三的薪水,就一定要有拿三万三的真功夫。你个人的商业价值决定了薪水的高低。只有不断增值才能安稳地站在顶端。

只是给人打工,薪水再高也高不到哪儿去。对大多数人来说,30岁之前干事业的首要目标绝不是挣钱,而是挣未来。

老板需要两类人:能干活的,忠于他的。

只能干活,放心,你一定很少有晋升机会。

若只有忠诚,没关系,总有一天会上去,因为忠诚比能力更稀缺。

但如果能力太强,即使很忠诚,老板也会留心眼。

所以你需要有能力,但未必能力很强,要对老板忠诚,这是晋升的最快途径。

职场如球场,机会只给不必热身的人,老板不是请你来准备的。

老板未必记得每个人的功劳,偶尔要清楚、有条理地陈述贡献,唤起老板的回忆。

靠现在的薪水，想"发大财"可能有点难度。
如果你想升值，未来变舒适，就别让眼前的薪水影响你的判断。

如果不是你的工作，而你做了，这就是机会。
但是机会总是乔装成"麻烦"的样子，而让人无法抓住。"麻烦"来了，一般人的第一反应是逃开，因此也就错过了机会。当别人交给你某个难题时，也许正为你创造了一个珍贵的机会。
对于一个聪明的员工来说，他总是很乐意自找"麻烦"。

在职场上，许多人常常因为别人请他帮个忙，就当别人在利用他而不开心，殊不知人家找你帮忙，是看得起你。
有时，一个人的机会就是从帮别人的忙开始的，如果老是拒绝他人的请求，搞不好就是拒绝机会的来临。

一定要有靠山，但比靠山还可靠的，是让自己有价值。所以在职场中，和上司们搞好关系是一门必需的功课，为自己找好靠山很重要。而比这更重要的，是让自己有足够的价值，以至于每个上司都必须拉拢你。

【优秀下属】

1. 敢于在适当的时候表达自己的看法。
2. 不推脱责任，敢于接受挑战。
3. 有意见，在阳光场合表达而不在私下抱怨。
4. 有独立工作的能力，也能配合别人工作。
5. 敢于承担责任，善于分享与包容。

6. 正确对待过错，接受别人批评。

7. 营造团结氛围，不给上司添乱。

8. 给上司报告的是解决问题的意见而不是问题本身。

【职场成功者与普通人的区别】

1. 成功的基础来自坚信未来，不断自我反省、自我激励与鞭策。

2. 成功者总想下次可以做得更好，普通人则认为这次已经做得可以了。

3. 成功者常说"我要比别人努力两倍以上"，普通人会说"我已经很努力了"。

4. 成功者相信一定会成功，普通人则是希望成功。

【职场五个工程】

1. 跟定一位有智慧的领导，解决方向问题。

2. 培养一批能干的下属，解决业绩问题。

3. 结识一群志同道合的朋友，解决心情问题。

4. 沟通一个懂事的家人，确保后方不出问题。

5. 制定一个目标，解决思想定位问题。

【职场三不争】

不与上级争锋，不与同级争宠，不与下级争功。

【职场三心】

让上级放心，让平级舒心，让下级有信心。

后　记

为《超凡心法》编配绘画和书外故事（见作者微信公众号、百家号：超凡心法）的想法虽好，但实现起来可不容易。是"人生的精彩不在成败的瞬间，而在坚持的每一个过程"支撑着我完成了这项工作。

首先要过绘画这一关。我在网上发布了征请插画师的信息后，前后有几十位插画师应征，但能够根据人生格言形成具象创意的凤毛麟角，创意能达到"心画"要求的更是难得。不得已，我只能亲自为每条格言进行文字具象创意，再寻找插画师创作绘画。第二轮插画师征请，依然少有能满足要求的，不少人尝试一次即告退出，还有一些人不愿意接受修改意见。正在难解之际，广州的许仰由先生创作出令我满意的《跃崖》，并能根据我的要求进行多次修改而毫无怨言，我们逐渐达成共识。一生二、二生三、三生万物，我和许先生共同创作了本书的所有绘画作品。在寻找插画师的过程中，我深刻感受到，"面对变量，有时候态度、决心比能力更重要，永不放弃是唯一的解决之道"。

解决了绘画问题，还要选配书外故事，这又是一项工程。故事要与主题相配，关键是要有一定深度，要能够经受住时间的考验。为此，我广泛阅读了各种"小故事大道理"，从中精选了一些契合度较高，有一定思想深度的故事。为使格言具有时代意义，特意编选了一些当代人物的故事。此外，选编了不少禅理故事，原因有两个：一是编者近年研悟佛理，有所偏爱，二是以"修心"为主要任务的佛家，善用譬喻和格物致知，传下来很多直指人心、启人心智、见性成佛的

后 记

故事，很能契合人生格言的真义。

以史为鉴，书外故事还编入了一些历史故事。搜选历史故事的过程，也是对历史的一次深入学习的过程。重读历史，感觉这次比年轻时更能看出一些"门道"，渐渐生出"看的不是历史，而是人性"的感叹，多了"一篇读罢头飞雪"的感觉。在为《爬杆》这幅画和人生格言选配故事时，我读了不少忠臣和奸臣的故事，产生了一个印象深刻的疑问：为什么很多忠臣不得好死？但也读到了再造唐朝的"千古一臣"郭子仪左右逢源，得享天年的故事。这其中的区别到底在什么地方？

正巧在此期间，对本书问世多有助益的良师益友刘健兄教我太极之道，颇受教益的是"顶、接、丢"之术和其中蕴含的"随曲就伸、舍己从人"之道。讲的是对手一掌打来，有"顶、接、丢"三种应对之策。挺而应之、以力碰力为"顶"，随人所动、转换重心为"接"，被动退让、失去重心为"丢"。"顶"的危险在于易被对手借劲，对手可收"四两拨千斤"之效；"丢"的危害则是失去了"意"、失去了自我；而"接"的妙处是实现引化对方的作用力，使其失重以至陷入欲进不得，欲退不能的"背势"，以利我"化打合一"。

书中之惑还得书外解。太极之道从一个角度解决了我的"忠臣不得好死"之问。确有部分忠臣运用的是"顶"思维，与皇上或权臣硬顶，易为奸臣利用和陷害；而郭子仪运用的是"接"思维，舍己从人、虚与周旋但不失我意。"顶"和"接"两种思维模式产生的人生命运截然不同。由"顶"到"接"需要转换思维模式，需要修炼。

以此观之，不同的思维模式带来不同的命运。承载着思维模式的人生心法能够改命运，此言不虚。

归结起来，我个人体悟，这些人生格言背后蕴含的真理就是辩证法（阴阳道）和正能量。辩证法是道，是智慧，是智商；正能量是德，是慈悲，是情商，两者缺一不可。

拜编书的机缘所赐，我个人收获也非常大。太极、为官、做人、做事等，"相"异而"道"同。散发开去，修炼到极致，"八万四千法门，门门都可成佛"。

本书从创意到写作，再到出版，历经五年，期间经历了种种曲折，我甚至产生过怀疑。能坚持到最后，也是受了"障碍不是前进的阻力，而是前进的推动力"，"一件事情的对与错，不看表象，而看发心"等心法的激励和启迪。

感谢超人们提供种子、故事家提供养料、插画师提供阳光，才有了本书及书外故事。作为栽培者，我只是整合和略加创新。

希望读者朋友有所收获，更希望读者朋友积极参与购书平台评论和作者自媒体号的网络互动，甚或创作出你们自己的格言、故事或哲理画，激发有益的思考，将"超人心法"转化为自身的心法。你不能改变世界，但可以改变世界观，也许世界观改变之后，慢慢就可以改变世界了。

特作《格言》五绝一首，与诸君共勉。

格言

名句励人志，丹心存画中。

愿君多品味，万事道相通。

学以明道

二〇二二年八月